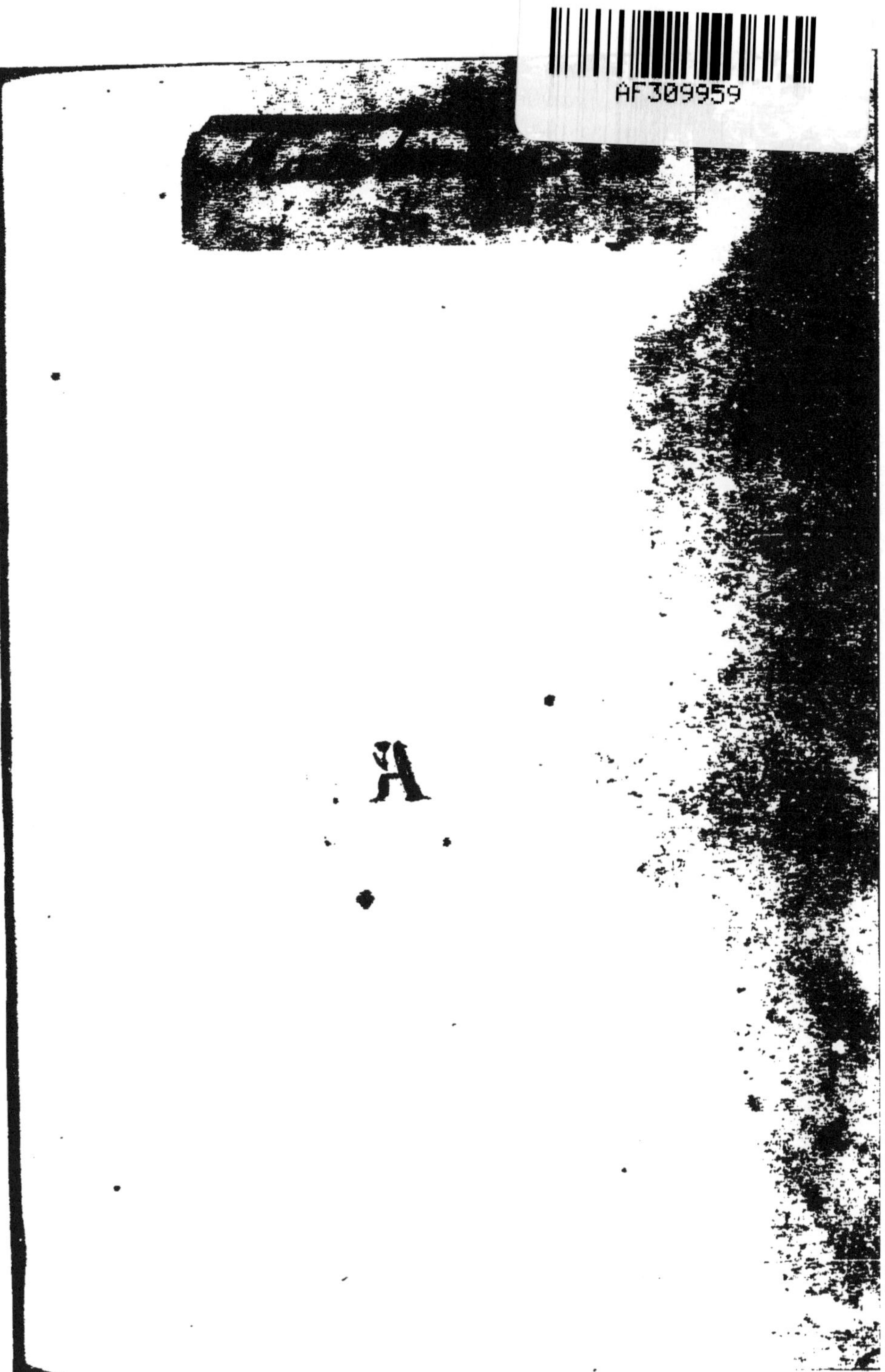

DISSERTATION

SUR LA NATURE
ET
LA PROPAGATION *1487*
DU FEU.

DISSERTATION

SUR LA NATURE

ET

LA PROPAGATION

DU FEU.

Ignea convexi vis , & sine pondere cœli
Emicuit , summâque locum sibi legit in arce.
　　　　　　　　　　　　　　　Ovid.

A PARIS,

Chez PRAULT, Fils, Quai de Conti, vis
la descente du Pont-Neuf, à la Charité.

M. DCC. XLIV.

Avec Approbation & Privilege du Roi.

AVIS

DU LIBRAIRE.

CEtte Differtation fur le Feu, a été compofée en 1738. pour le Prix de l'Academie des Sciences; elle n'eut point le Prix, mais l'Academie la fit imprimer avec les pieces couronnées, & une autre piece, qui de même que celle-ci fut jugée digne de trouver place dans les recuëils de l'Academie.

Il eft dit dans l'Avertiffement, qui fe trouve à la tête de ces deux pieces, que l'Academie fe détermina à les faire imprimer, *fur le témoignage que lui rendirent les Commiffaires du Prix, que quoiqu'ils n'euffent pû approuver l'idée qu'on donne de la nature du feu, en chacune de ces pieces, elles leur avoient paru être des meilleures de celles qui avoient été envoyées, en ce qu'elles fuppofent une grande lecture, & une grande connoiffance des bons ouvrages de Phyfique, & qu'elles font remplies de beau-*

coups de faits , très-bien expofés , & de beaucoup de vuës.

Comme on tire peu d'exemplaire‹ des pieces des Prix , & que ces exem plaires font prefque tous diftribués er tre les Academiciens , j'ai crû fair plaifir au Public , de lui donner cett‹ Differtation , dans la même forme que les Inftitutions Phyfiques du mê me Auteur ; j'y ai joint la Lettre qu‹ M. de Mairan lui écrivit en 1741, au fujet des forces vives , & la réponf‹ de l'Auteur , qui m'a donné le refte d‹ l'édition qu'elle fit faire de fa réponf‹ à Bruxelles où elle étoit alors : ce‹ fortes de difputes dans lefquelles on n‹ cherche réciproquement qu'à s'inftrui‹ re , font plus capables qu'aucune autre forte d'Ouvrages , de contribuer au pro‹ grès de la Philofophie.

DISSERTATION
SUR LA NATURE
ET LA PROPAGATION
DU FEU.

PREMIERE PARTIE.
De la Nature du Feu.

LE Feu se manifeste à nous par des Phénomenes si différents, qu'il est presqu'aussi difficile de le définir par ses effets, que de connoître entiérement sa nature : il échappe à tout moment aux prises de notre esprit,

A

quoiqu'il soit au-dedans de nous-mêmes , &
dans tous les corps qui nous environnent.

I.

Que le Feu n'est pas toujours chaud & lumineux.

La chaleur & la lumiére sont de tous les
effets du Feu ceux qui frappent le plus nos
sens ; ainsi c'est à ces deux signes qu'on a
coûtume de le reconnoître , mais en faisant
une attention un peu réfléchie aux phénomenes de la Nature , il semble qu'on peut douter si le Feu n'opére point sur les corps quelque effet plus universel , par lequel il puisse
être défini.

On ne doit jamais conclure du particulier
au général , ainsi quoique la chaleur & la
lumiére soient souvent réunies , il ne s'ensuit
pas qu'elles le soient toûjours ; ce sont deux
effets de l'être que nous appellons *Feu*, mais
ces deux propriétés * , de luire & d'échauffer , constituent-elles son essence ? en peut-

---

* Je me sers ici indifféremment des mots de *modes*
& de *proprieté* , pour éviter le retour trop fréquent du
même mot , car en rigueur , puisque le feu n'est pas
toujours chaud & lumineux , la chaleur & la lumiere
sont des *modes* & non pas des *proprietés* de l'être que
nous appellons Feu.

il être dépouillé ? le Feu enfin est-il toûjours chaud & lumineux ?

Si le Feu est toûjours chaud & lumineux.

Plusieurs expériences décident pour la négative.

1°. Il y a des corps qui nous donnent une grande lumiére sans chaleur : tels sont les rayons de la Lune, réunis au foyer d'un verre ardent (ce qui fait voir en passant l'absurdité de l'Astrologie,) on ne peut dire que c'est à cause du peu de rayons que la Lune nous renvoye; car ces rayons sont plus épais, plus denses, réunis dans le foyer d'un verre ardent, que ceux qui sortent d'une bougie ; & cependant non seulement cette bougie, mais même la plus petite étincelle nous brûle à la même distance à laquelle les rayons de la Lune réunis dans ce foyer ne font aucun effet sur nous.

Lumiere sans chaleur dans les rayons de la Lune.

Ce n'est point non plus parce que ces rayons sont réfléchis, car les rayons du Soleil réfléchis par un miroir plan, & renvoyés sur un miroir concave, font, à peu de chose près, les mêmes effets que lorsque le miroir concave les reçoit directement.

Ce ne peut être enfin à cause de l'espace qu'ils parcourent de la Lune ici, 90000 lieuës de plus ne pouvant faire perdre aux rayons une vertu qu'ils conservent pendant 33 millions de lieuës : peut-être cet effet doit-il être attribué à la nature particuliére du corps de la Lune , & peut-être les Satellites de Jupiter & de Saturne donnent-ils quelque chaleur à ces Planetes, quoique notre Lune ne nous en donne point.

Les rayons échauffent d'autant moins que l'on monte plus au-dessus de l'Atmosphere, quoiqu'ils y donnent la même lumiere que près de la surface de la Terre ; cependant ils sont plus purs en haut où l'Atmosphere est plus leger : donc la chaleur n'est pas essentielle au Feu élémentaire.

L'eau n'éteint point les Vers luisans.

Les Dails & les Vers luisans sont lumineux sans donner aucune chaleur , & l'eau n'éteint point leur lumiére. M. de Réaumur rapporte même que l'eau fait revivre la lumiére des Dails, loin de l'éteindre ; je l'ai vérifié sur des Vers luisans , j'en ai plongé dans de l'eau très-froide , & leur lumiére n'a point été alterée.

Il sembleroit par ces expériences que l'eau n'a d'action que sur la propriété du Feu que nous appellons chaleur , puisqu'elle détruit la chaleur, & n'altere point la lumiére, lorſque la propriété d'éclairer eſt ſéparée de celle d'échauffer.

2°. Il y a des corps qui brûleroient la main qui s'en approcheroit, & qui ne donnent aucune lumiére : tel eſt le fer prêt à s'enflammer : donc le Feu peut être privé de la lumiére comme de la chaleur.

Ainſi la chaleur & la lumiére paroiſſent être au Feu ce que le mode eſt à la ſubſtance ; la lumiére n'étant autre choſe que le Feu tranſmis en ligne droite juſqu'à nos yeux, & la chaleur, l'agitation en tout ſens que ce même Feu excite en nous quand il s'inſinuë dans nos pores.

3°. La chaleur & la lumiére ſe propagent différemment ; la lumiére agit toûjours en ligne droite, & la chaleur s'inſinuë dans les corps ſelon toutes ſortes de directions : de plus, la vîteſſe de la lumiére eſt infiniment plus grande que celle de la chaleur, mais on ne peut aſſigner en quelle proportion, car il faudroit connoître les différens degrés de vîteſſe avec laquelle le Feu pénétre dans les différents corps : ce qui eſt très-difficile.

4°. Une autre différence très-remarquable

rence entre la
lumiére & la
chaleur.

entre la chaleur & la lumiére , c’eſt qu’un corps peut perdre ſa lumiére en un inſtant , mais il ne perd jamais ſa chaleur que ſucceſſi-vement ; cette différence eſt une ſuite de la fa-çon dont la chaleur & la lumiére agiſſent ; car pour faire périr la lumiére , il ſuffit d’in-terrompre la direction du Feu en ligne droite ; mais puiſqu’il faut , pour exciter la chaleur , qu’il pénétre les corps en tout ſens , cette action doit être plus difficile à arrêter ; ainſi ſi vous couvrez le miroir ardent d’un voile , la lumiére diſparoît dans le moment à ſon foyer , & cependant un corps ſolide qu’on y auroit expoſé , conſerveroit encore long-temps après , la chaleur qu’il y auroit acquiſe ; c’eſt encore pourquoi les corps ſe refroidiſ-ſent lentement dans le vuide de boyle , quoi-qu’ils s’y éteignent très-promptement.

Sentiment
de Deſcartes
ſur la chaleur
& la lumiere.

5°. Si on vouloit s’appuyer de l’autorité, on diroit que Deſcartes compoſoit la lumiére de ſon ſecond élément, & le Feu de ſon pre-mier ; il ne donne à la vérité aucune raiſon de cette idée , & je ne prétends pas l’exami-ner ici, mais elle ne pouvoit être fondée que ſur ce que ce grand homme penſoit que la lumiére & la chaleur étoient deux modes de l'être que nous appellons Feu.

6°. La lumiére & la chaleur font les objets de deux de nos fens, le tact & la vûë,
& par cette raifon même elles ne paroiffent
point propres à conftituer l'effence d'un être
auffi univerfel que le Feu. Ce font des fenfa-
tions, des modifications de notre ame, qui
femblent dépendre de notre exiftence, & de
la façon dont nous exiftons ; car un aveugle
définira le Feu *ce qui échauffe*, & un homme
privé du tact univerfel, *ce qui éclaire*. Ils auront donc tous deux des idées différentes
d'un même être, & celui qui feroit privé de
ces deux fens, n'en auroit aucune. Or je
fuppofe qu'il ait plû à Dieu de créer dans
Sirius, par exemple, un globe dont les êtres
n'ayent aucun de nos fens (& il eft très-poffible que dans l'immenfité de l'Univers il y
ait de tels êtres) le Feu ne feroit certainement ni chaud, ni lumineux dans ce globe,
& cependant il n'y feroit pas anéanti ; il paroît donc qu'il faut chercher dans le Feu
quelque effet plus univerfel, & dont l'exiftence ne dépende point de nos fens.

7°. La néceffité d'un tel figne pour nous
faire juger avec certitude de la préfence du

Feu, paroît avec évidence par la façon dont
nos fens nous font juger de la chaleur des
corps, car un même corps nous paroît d'une
température différente , felon la difpofition
où nous nous trouvons ; ainfi lorfqu'on touche un corps avec les deux mains, dont l'une
fort de l'eau froide , & l'autre de l'eau chaude, ce corps paroît froid & chaud en même
tems. Les altérations qui arrivent à notre
fanté , changent encore pour nous la chaleur
des corps ; un homme dans l'ardeur de la
fiévre trouvera froid le même corps qui, dans
le friffon , lui avoit paru chaud : donc la
chaleur que les corps nous font éprouver,
ne peut nous faire juger avec certitude , du
Feu qu'ils contiennent.

I I.

Quel eft l'effet le plus univerfel du Feu.

Quel eft donc l'effet le plus univerfel du
Feu ? à quel figne pourrons-nous le reconnoître ? je dis le reconnoître en Philofophes,
car il eft deux façons de connoître les corps,
& ceux qui étudient la Nature la voyent
d'un autre œil que le vulgaire.

Ce figne certain de la préfence du Feu, cet effet qu'il produit dans tous les corps, qu'on voit, qu'on touche, & qu'on mefure, qui s'opére dans le vuide avec la même facilité que dans l'air, c'eft d'augmenter le volume des corps avant d'avoir enlevé leurs parties, de les étendre dans toutes leurs dimenfions, & de les féparer jufques dans leurs principes lorfque fon action eft continuée ; cet effet ne dépend point de la lumiére & de la chaleur du Feu, car l'air eft très-raréfié fur le haut des Montagnes où la chaleur eft infenfible, & cette raréfaction de l'air qui eft beaucoup plus grande au fomet des Montagnes que ne la donne la raifon inverfe des poids, doit être attribuée en partie Fau eu, qui, à cette hauteur raréfie l'air fans l'échauffer fenfiblement.

L'eau qui bout à 212 degrés environ du Thermometre de Mercure, & qui paffé cela n'acquiert plus aucune chaleur par le Feu le plus violent, s'évapore cependant à force de bouillir : or elle ne peut s'évaporer que fa raréfaction n'augmente, & que fes parties ne s'écartent de plus en plus les unes des autres.

Enfin une bougie que vous éteignez , & qui ceffe d'éclairer , s'évapore , & fe raréfie encore par la fumée qu'elle rend , donc la raréfaction ne dépend ni de la lumiere , ni de la chaleur du Feu , puifqu'elle fubfifte dans les corps que le Feu pénétre indépendamment de leur chaleur , & de leur lumiere.

Il eft vrai que la chaleur & la lumiére du Feu ont dû être connues bien long-tems avant qu'on fe doutât de fa raréfaction : mais prefque toutes les idées des hommes n'ont-elles pas befoin d'être réformées par leur raifon ? La forme & le mouvement de la matiere , par exemple , ont été connues bien longtems avant fon impénétrabilité , & perfonne cependant n'en concluëra que le mouvement & une certaine forme foient auffi inféparables de la matiere , que l'impénétrabilité.

On peut cependant faire plufieurs objections contre cette définition , qui fait de la raréfaction la propriété diftinctive du Feu.

1°. On peut dire que la raréfaction que le Feu opére , ne fe manifefte pas toujours à nous.

Mais il eft de la nature du Feu que cela foit ainfi , le Feu eft également répandu dans tous les corps (comme je le prouverai dans

la fuite) ainfi nous ne pouvons nous appercevoir de fes effets quand ils font les mêmes par - tout ; il nous faut des différences
pour être notre *criterium*, & pour nous conduire dans nos jugemens. Ainfi nous n'avons
point de figne pour connoître le Feu lorfqu'il
eft renfermé entre les pores des corps, il y
eft comme l'air qu'ils contiennent tous, &
qui ne fe découvre à nous que lorfque quelque caufe le dégage.

2°. Le Feu, dira-t-on, raréfie les corps
en augmentant leur chaleur.

Cela eft vrai en général, mais je ne crois
pas qu'on puiffe en conclure que la chaleur
foit la caufe de la raréfaction, car je viens de
faire voir par l'exemple de l'eau qui bout, qu'il
y a des circonftances dans lefquelles la raréfaction augmente encore, quoique la chaleur
n'augmente plus ; or puifque la chaleur n'ac-
compagne pas toujours la raréfaction, il faut
convenir que la raréfaction ne dépend point
de la chaleur.

3°. On dira peut-être que l'air & l'eau
augmentent auffi le volume des corps, &
qu'ainfi on ne peut faire de la raréfaction la
propriété diftinctive du Feu.

On ne peut nier que l'air & l'eau ne faſſent cet effet ſur les corps ; mais en augmentant leur volume, ils ne les ſéparent pas juſques dans leurs parties conſtituantes, ils ne les font point s'évaporer, ſe quitter les unes les autres, comme le Feu, ainſi l'eſpece de raréfaction qu'ils opérent quelquefois dans les corps, eſt eſſentiellement différente de celle qui y eſt opérée par le feu ; peut-être même cette eſpéce de raréfaction que l'air & l'eau opérent, eſt-elle cauſée par le Feu luimême, car c'eſt par le mouvement que l'air & l'eau pénétrent dans les corps, & le mouvement interne des corps ne leur vient vraiſemblablement que du Feu qu'ils contiennent.

L'eau glacée augmente à la vérité ſon volume, & ſurnage l'eau liquide, quoiqu'elle contienne beaucoup moins de Feu lorſqu'elle eſt glacée que lorſqu'elle eſt dans ſon état de fluidité, mais ce phénomene doit être attribué à une cauſe particuliére, dont je parlerai dans la ſeconde Partie de cet ouvrage.

4°. On peut dire encore que le Feu ne raréfie pas tous les corps, que la corne, la crotte & beaucoup d'autres corps s'endurtissent au Feu, y diminuent le volume : or ces effets sont précisément le contraire de la raréfaction, donc la raréfaction ne peut être la propriété universelle du Feu, puisqu'il y a des corps dans lesquels il produit des effets tout opposés.

Cette objection tombera d'elle-même, si on fait réfléxion, que le Feu n'endurcit ces corps, & ne les réduit sous un plus petit volume, que parce qu'il les a réellement raréfiés, parce qu'il a fait évaporer l'eau qui étoit entre leurs parties, & qu'alors les parties qui ont résisté à son action, sont d'autant plus compactes, occupent d'autant moins de volume, que le Feu a enlevé plus de matiére aqueuse d'entre leurs pores.

5°. Enfin, on peut objecter que les rayons de la Lune qui sont du Feu, ne raréfient point les corps qu'on leur expose. Mais les bornes de nos sens sont si étroites, qu'il ne nous est guéres permis de rien affirmer sur leur rapport, ainsi quoique les rayons de la Lune, quelque rassemblés qu'ils soient, ne fassent aucun effet sur le Thermometre, nous ne pouvons pas en conclurre qu'ils sont entierement privés du pouvoir de raréfier, nous

ſommes certains ſeulement qu'ils ſont inca-
pables d'exciter en nous la ſenſation que nous
avons appellé *chaleur*, mais peut-être inven-
tera-t-on quelqu'inſtrument aſſez fin pour
nous découvrir auſſi dans les rayons de la
Lune ce pouvoir raréfactif qui paroît inſé-
parable du Feu.

La raréfaction que le feu opére ſur tous
les corps qu'il pénétre, paroît être une des
loix primitives de la Nature, un des reſſorts
du Créateur, & la fin pour laquelle le Feu
a été créé; ſans cette propriété du Feu tout
ſeroit compact dans la Nature; toute fluidité,
& peut-être toute élaſticité vient du Feu, &
ſans cet agent univerſel, ſans ce ſouffle de
vie que Dieu a répandu ſur ſon ouvrage, la
Nature languiroit dans le repos, & l'Univers
ne pourroit ſubſiſter un moment tel qu'il eſt.

Ainſi loin que le mouvement ſoit la cauſe
du Feu, comme quelques Philoſophes l'ont
penſé, le Feu eſt au contraire la cauſe du
mouvement interne dans lequel ſont les parties de tous les corps.

C'eſt ici le lieu d'examiner les raiſons qui
prouvent que le Feu n'eſt pas le réſultat du
mouvement.

I I I.

Si le mouvement produit le Feu.

1°. Si le Feu étoit le résultat du mouvement, tout mouvement violent produiroit du
feu, mais des vents très-forts, comme le vent
d'Est ou du Nord, loin de produire l'inflam-
mation de l'air & de l'atmosphere qu'ils
agitent, produisent au contraire un froid
dont toute la Nature se ressent, & qui est
souvent funeste aux animaux, & aux biens
de la terre.

2°. Nous avons dans la Chimie des fermentations qui font baisser le Thermometre,
il est vrai que dans ces fermentations, les
parties ignées s'évaporent, puisque la vapeur
que le mélange éxhale est chaude, ainsi ces
fermentations mêmes font causées par le Feu
qui se retire des pores des liqueurs, mais il
n'en est pas moins vrai que la quantité de Feu
est diminuée dans les corps qui fermentent,
& dont les parties font cependant dans un
mouvement très-violent : donc le mouvement de ces liqueurs les a privé du Feu
qu'elles contenoient, loin d'en avoir produit.

Enfin dans ces fermentations, le mélange se coagule dans quelques endroits, ce qui prouve ce que j'ai dit ci-deſſus, que ſans le Feu tout ſeroit compact dans la nature.

3°. Les rayons de la Lune, qui ſont dans un très-grand mouvement, ne donnent aucune chaleur.

Tentamina Florentina. 4°. Un mélange de Sel ammoniac & d'huile de Vitriol produit une fermentation qui fait baiſſer le Thermometre, mais ſi on y jette quelques goutes d'Eſprit de Vin, l'efferveſcence ceſſe, & le mélange s'échauffe, & fait alors hauſſer le Thermometre. Voilà donc un cas dans lequel le mouvement étant diminué, la chaleur a augmenté : donc le mouvement ne produit point le Feu.

I V.

Si le Feu a toutes les proprietés de la matiere?

Mais quel eſt cet être que nous appellons Feu ? a-t-il toutes les propriétés de la matiére ? Voilà ce que la ſagacité des Boyle, des Muſſchenbroek, des Boërhaave, des Homberg, des Lémery, des s'Graveſande, &c. n'a pû encore décider.

Non noſtrum inter vos tantas componere lites.

Il femble qu'une vérité que tant d'habiles Phyſiciens n'ont pû découvrir, ne ſoit pas faite pour l'humanité. Quand il s'agit des premiers principes, il n'y a guéres que des conjectures & des vrai-ſemblances qui nous ſoient permiſes. Le Feu paroît être un des reſſorts du Créateur, mais ce reſſort eſt ſi fin qu'il nous échappe.

Nous voyons clairement dans le Feu quel-ques-unes des propriétés de la matiere, l'ex-tenſion, la diviſibilité, &c. Il n'en eſt pas de même de l'impénétrabilité & de la ten-dance vers un centre, on peut très-bien douter ſi le Feu poſſede ces deux propriétés de la matiére.

Toutes ces propriétés que nous apperce-vons dans la matiére n'étant que des phé-nomenes *, il n'y a aucune contradiction à ſuppoſer qu'il y ait des compoſés dans leſ-quels ces phénomenes ne ſe développent pas; car on ne peut nier que les êtres ſimples de l'aſſemblage deſquels tous les êtres ſenſibles réſultent, pourroient être combinés de fa-

Le Feu eſt étendu, divi-ſible, &c.

* On ſent aiſément qu'on ſuppoſe ici les principes de la Philoſophie Leibnitiene.

B

çon qu'il ne réfulteroit de leur union aucun des phénomenes que nous regardons comme des propriétés inféparables de l'être qu'on nomme *matiére*, c'eft donc à l'expérience à nous apprendre fi le Feu eft grave & impénétrable.

Mais il n'eft peut-être ni grave, ni impénétrable.

V.

Le Feu eft-il impénétrable ?

Il paroît également difficile de nier & d'admettre cette propriété dans le Feu : voici quelques-unes des raifons qui peuvent faire douter de fon impénétrabilité.

Raifons qui peuvent faire douter de l'impénétrabilité du Feu.

1°. Nous voyons à travers un trou fait dans une carte par une épingle, la quatriéme partie du ciel, & tous les objets qui font entre l'horifon & nous dans cet efpace : or nous ne pouvons voir un objet que chaque point vifible de cet objet n'envoye des rayons à nos yeux, ainfi la quantité prodigieufe de rayons qui paffent à travers ce trou d'épingle, & qui s'y croifent fans fe confondre, & fans apporter aucune confufion dans notre vûë, étonne l'imagination, & l'on eft bien tenté de croire qu'un être qui paroît fe pénétrer si facilement, n'est point impénétrable.

2°. Le Feu le plus puissant que les hommes ayent rassemblé jusqu'à présent, c'est celui du foyer du grand miroir du Palais Royal,
ou du miroir de Lyon, & cependant on voit
le plus petit objet discernable à travers le cône
lumineux qui va fondre l'Or dans ce foyer,
sans que cette épaisseur de rayons qui est entre l'objet & l'œil, affoiblisse en rien l'image
de cet objet.

3°. Une bougie porte sa lumiére dans
une sphere d'une demie-lieuë de rayon ; or
de quelle petitesse incroyable les particules
qui éclairent tout cet espace doivent-elles
être, puisqu'elles sont toutes contenuës dans
cette bougie ? il est difficile de les y concevoir, si elles ne se pénétrent pas.

4°. M. Newton a démontré aux yeux &
à l'esprit, que les couleurs ne sont autre
chose que les différens rayons colorés * ; il
faut donc, pour que nous voyions les objets,
que chaque rayon élémentaire se croise en

* Le Lecteur comprendra sans doute que j'entens
par *rayon coloré* le rayon qui a le pouvoir d'exciter en
nous la sensation de telle couleur.

paſſant dans la prunelle , ſans jamais ſe confondre , & ſans que le rayon bleu prenne
la place du verd , ni le rouge celle de l'indigo , &c. ce qui paroît preſque impoſſible,
ſi les rayons ſont impénétrables.

5°. Le Verre qui tranſmet la lumiére ,
a bien moins de pores que la Mouſſeline qui
la réfléchit preſque entiérement. Les pores
du papier huilé qui tranſmettent les rayons ,
ſont bien moins grands que ceux du papier
ſec à travers leſquels ils ne trouvent point de
paſſage : donc ce n'eſt point la grandeur , ni
la quantité des pores d'un corps qui le rendent perméable à la lumiére , puiſque le
moyen de rendre les corps tranſparens , c'eſt
de remplir leurs pores : donc il eſt bien vraiſemblable que le Feu n'eſt point impénétrable , puiſqu'il pénétre les corps indépendamment de leurs pores.

Mais ces raiſons qui peuvent faire douter
de l'impénétrabilité du Feu , ſe trouvent
combatuës par d'autres raiſons très-fortes.

1°. Les rayons du Soleil font changer de
direction à la fumée , & réunis par un verre
ardent , ils fondent l'Or & les Pierres , &
font faire des vibrations à un reſſort de Mon-

Raiſons en
faveur de
l'impénétra-
bilité du Feu.

tre que l'on a placé à moitié d'étendu dans
le foyer de ce verre ; or on ne voit pas comment il feroit poſſible que le Feu agît ſur les
corps, ni comment il pourrroit faire faire
des vibrations à ce reſſort de Montre, s'il
ne réſiſtoit à l'effort que font ces corps pour
s'oppoſer à ſon action.

On peut répondre que l'ame n'eſt pas impénétrable, & qu'elle fait cependant remuer
notre corps qui eſt compoſé de parties qui
réſiſtent. Et qu'enfin tout ce qui agit ſur les
corps, n'eſt pas corps, puiſque Dieu certainement n'eſt pas matiere, & qu'il agit cependant ſur la matiére.

2°. Les rayons ſe réfléchiſſent de deſſus
les corps pour venir à nos yeux, or la réfléxion emporte néceſſairement l'élaſticité du
corps qui réfléchit : donc, puiſque les rayons
réfléchiſſent, il faut qu'ils ſoient compoſés de
parties réſiſtantes.

Mais on peut répondre encore que M.
Newton a fait voir que ce n'eſt point en re-
bondiſſant de deſſus les parties ſolides des
corps, que la lumiére ſe réfléchit, & que
par conſéquent la réfléxion de la lumiére ne
prouve point l'impénétrabilité du Feu, que

même ce phénomene de la réfléxion pourroit faire croire que la lumiére n'est point
impénétrable ; car comment le rayon perpendiculaire retournera-t-il après la réfléxion , par la ligne selon laquelle il est tom-
bé , si dans cette ligne il rencontre une con-
tinuation de lui-même , qui lui résistera par
ses parties solides , & l'empêche par conséquent de retourner par la ligne déja décrite ?
Si on dit que ce rayon ne décrira pas tout-à-
fait la même ligne , mais qu'il se détournera
un peu , outre que ce seroit détruire un axio-
me d'Optique , qui passe pour incontestable ,
je demande quelle seroit la raison de cette
déclinaison du rayon , & ce qui le détermi-
neroit à décliner plûtôt à gauche qu'à droite ?
Si l'on me répond enfin , que l'extrême po-
rosité que le Microscope découvre dans les
corps soumis à nos recherches , nous porte
à croire que la ténuité des parties consti-
tuantes du Feu peut suffire pour opérer la
réfléxion du rayon perpendiculaire , & tous
les phénoménes de la lumiére qui étonnent
le plus notre esprit , & qui pourroient nous
faire douter de l'impénétrabilité du Feu : je
demande comment on peut concevoir qu'un

rayon compofé d'un million de pores qui féparent fes parties folides , puiffe venir du Soleil à nous en ligne droite , fans être interrompu & fans fe confondre avec des milliaffes d'autres rayons de différentes couleurs qui émanent en même tems que lui du Soleil ?

On eft donc obligé d'avouer qu'on peut avec quelque fondement regarder l'impénétrabilité du Feu comme douteufe.

V I.

Le Feu tend-il vers le centre de la Terre ?

Les Philofophes conviendront fans doute qu'il peut y avoir plufieurs corps qui ne tendent point vers le centre de la terre , telle doit être par exemple la matiere qui fait la pefanteur, & qui chaffe les corps vers le centre de la terre ; voyons donc fi le Feu eft dans le même cas, ou bien s'il tend vers la terre comme les autres corps.

C'eft encore à l'experience. , ce grand maître de Philofophie , à nous apprendre fi le Feu a cette propriété.

Je me contenterai d'examiner ici l'expérience de M. Homberg fur le poids du régule d'Antimoine calciné au Verre ardent, & celle de M. Boërhaave fur le poids du Fer enflammé.

M. Homberg rapporte que 4 onces de régule d'Antimoine expofées à un pied & demi du véritable foyer du miroir du Palais Royal, augmentérent de 3 dragmes, & de quelques grains pendant leur calcination, c'eft-à-dire, environ d'un dixiéme ; mais qu'ayant été mifes enfuite en fufion au véritable foyer, elles perdirent ce dixiéme acquis, & un huitiéme de leur propre poids.

M. Boërhaave, au contraire, ayant pefé 8 livres de Fer, ne trouva aucune différence de poids entre ce Fer enflammé & ce Fer abfolument froid.

Il y a plufieurs remarques à faire fur ces deux expériences.

1°. Pendant tout le tems de la calcination de l'Antimoine de M. Homberg , on fut obligé de le remuer avec une fpatule de fer : or il eft très-poffible que la chaleur ait détaché quelques particules de cet inftrument, lefquelles s'étant jointes au régule , auront augmenté fon poids. Les fels & les fouffres dont l'air eft toujours chargé , auront pû s'unir aussi à l'Antimoine par l'action du feu, & à la faveur de ce mouvement continuel de la spatule avec laquelle on le remuoit ; ainsi on est bien loin d'être sûr que ce soit le feu qui ait augmenté son poids, car si le feu est le plus subtil dissolvant de la Nature, il est aussi le plus puissant agent pour unir les corps.

2°. Ce qui confirme cette conjecture, c'est que les corps qui augmentent le plus leur poids par le Feu, sont ceux qu'on remuë pendant leur calcination, & qu'ils perdent tout le poids acquis, & même de leur propre substance, lorsqu'on les remet en fusion. Boyle lui-même, convient que l'agitation continuelle pendant la calcination, est ce qui contribue le plus à augmenter l'action du Feu sur les corps.

3°. L'Antimoine de M. Homberg ayant été mis en fusion au véritable foyer, perdit tout le poids acquis, & encore un huitiéme de son propre poids : or si des particules de Feu avoient augmenté son propre poids dans la calcination, comment se pourroit-il qu'il eut perdu ce poids au véritable foyer ? un nouveau Feu n'auroit-il pas dû produire au contraire une nouvelle augmentation, & puifque le poids de l'Antimoine diminua dans la fufion, au lieu d'augmenter, n'eft-il pas vrai-femblable que le Feu du foyer étant plus violent que celui auquel on l'avoit calciné, fépara les parties hétérogenes qui s'étoient unies au régule d'Antimoine, & qui avoient augmenté fon poids pendant la calcination.

4°. Tous les Métaux en fufion, perdent de leur poids, & cependant la fufion eft l'état dans lequel ils reçoivent la plus grande quantité de feu; ainfi fi le Feu augmentoit le poids des corps, il devroit augmenter confidérablement celui des métaux en fufion, mais au contraire leur poids diminue, il eft donc certain que la plus grande quantité de Feu que ces métaux puiffent recevoir, n'augmente point leur poids.

On fent aifément que la diminution de poids des métaux en fonte doit être attribuée aux parties que ce Feu violent fait évaporer d'entre leurs pores, & à l'augmentation de leur volume.

Examen & confirmation de l'expérience de M. Boërhaave fur le 5°. Le Fer de M. Boërhaave pendant qu'il étoit tout pétillant de feu, devoit contenir bien plus de particules ignées, que l'Antimoine de M. Homberg, qui avoit été cal- poids du fer enflammé. ciné à 18 pouces du véritable foyer du miroir, & cependant ce Fer tout imprégné de Feu ne pesoit pas un grain de plus que lorsqu'il étoit entiérement froid. Je ne vois cependant aucune raison pour laquelle si le Feu étoit pesant, il n'augmenteroit pas toujours le poids des corps qu'il pénétre, je puis certifier que cette égalité de poids s'est retrouvée dans des masses de Fer depuis une livre jusqu'à 2000 livres, que j'ai fait peser devant moi toutes enflammées, & ensuite entiérement froides.

6°. L'augmentation du poids des corps Autres expériences sur la pesanteur du Feu. calcinés à travers le verre, est beaucoup moins considérable que celle des corps que l'on calcine en plein air, cependant la même quantité de feu pénétre à travers le verre, puisqu'il produit le même effet sur ces corps, & qu'il les calcine ; d'où peut donc venir cette différente augmentation de poids, lorsque la calcination se fait en plein air, ou lorsqu'elle se fait sous le verre, sinon de ce qu'il se joint alors moins de corps étrangers au corps calciné ?

7°. L'Antimoine devient rouge dans la

calcination, & lorſqu'on le met en digeſtion dans de l'Eſprit de Vin, il rend une teinture rougeâtre, & ſe trouve après du même poids qu'avant la calcination : donc cette couleur rougeâtre lui étoit venue des parties ſulfu-reuſes que le Feu lui avoit unies pendant la calcination, puiſqu'après s'être déchar-gé de cette teinture, il ſe trouve du mê-me poids qu'il avoit avant d'être calciné.

8°. M. Boyle eſt un des Philoſophes qui a fait le plus d'expériences ſur la pe-ſanteur du Feu, & toutes concourent à l'é-tablir.

Cependant ſon Traité *De Flamma ponde-rabilitate*, ne prouve autre choſe ſinon que la flamme peſe, & que ſes parties pénétrent à travers les pores du verre, mais aucune de ſes expériences ne prouve la peſanteur des parties élémentaires du Feu.

* *Page 3.* 9°. Le même Boyle rapporte * qu'une once de corne de cerf perdit au Feu ſix ou ſept grains de ſon poids, & qu'une once de * *Page 39.* Zinc * en perdit cinq grains, & plus, par l'ac-tion du Feu.

10°. Du Charbon enfermé hermétique-ment dans une boîte de Fer, & expoſé penćant quatre heures à un Feu très-violént, a diminué de 4 onces environ fur 4 livres, & j'ai été témoin de cette expérience.

11°. M. Bolduc affûre que l'Antimoine calciné dans un vafe de terre, diminue de poids, bien loin d'augmenter.

12°. M. Hartfoëker, de fon côté, ayant tenu de l'Etain pendant des heures entiéres, & du Plomb pendant plufieurs jours de fuite dans le foyer d'un Verre ardent, ne trouva aucune augmentation dans le poids de ces métaux.

13°. Le célébre Boërhaave rapporte qu'ayant tenu du Plomb dans un Fourneau de digeftion pendant trois ans, à un Feu de 84 degrés, & l'ayant expofé pendant quatre heures au feu de fable, le Plomb n'augmenta nullement de poids ; cependant fi les expériences varient, c'eft une preuve certaine que ce n'eft point le Feu qui augmente le poids des corps, car s'il l'augmentoit une fois, il l'augmenteroit toujours. Mais fi l'on attribue cette augmentation lorfqu'on en trouve, à l'intromiffion de quelques parties hétérogenes dans les pores des corps que l'on expofe au Feu, on conçoit aifément que les différentes circonſtances de l'opération peuvent changer ces effets ; voilà pourquoi de toutes les expériences répétées ſur le poids des corps expoſés au Feu, aucune n'eſt entiérement la même. L'augmentation que le même Feu cauſe dans les corps eſt tantôt plus grande, tantôt moindre, comme on peut s'en convaincre en liſant les expériences de Boyle, ou en opérant ſoi-même ; ce qui prouve bien que ce n'eſt pas à une cauſe auſſi invariable que le Feu, qu'il faut attribuer l'augmentation du poids des corps.

L'expérience de M. Homberg que je viens d'examiner, fournit elle-même une preuve qu'on ne doit point attribuer au Feu l'augmentation de poids qu'on remarque dans les corps qu'on lui expoſe ; car il trouva dans cette expérience le poids de l'Antimoine augmenté d'un dixiéme.

Or en ſuppoſant l'émiſſion de la lumiére, tout le Feu que le Soleil envoye ſur notre hémiſphere pendant une heure du jour le plus chaud de l'Eté, doit peſer à peine ce que M. Homberg ſuppoſe qu'il en étoit entré dans ſon régule d'Antimoine : en voici, ſi je ne me trompe, le démonſtration.

On connoît la vîteſſe des rayons du Soleil depuis les obſervations que M^{rs}. Huguens & Roëmer ont faites ſur les Eclipſes des Satellites de Jupiter ; cette vîteſſe eſt environ de 7 à 8 minutes pour venir du Soleil à nous : or, on trouve que ſi le Soleil eſt à 24000 demi-diametres de la Terre, il s'enſuit que la lumiére parcourt en venant de cet Aſtre à nous, mille millions de pieds par ſeconde en nombres ronds ; & un Boulet de Canon d'une livre de balle pouſſé par une demi livre de Poudre, ne fait que 600 pieds en une ſeconde, ainſi la rapidité des rayons du Soleil ſurpaſſe en nombres ronds 1666600 fois celle d'un boulet d'une livre.

Mais l'effet de la force des corps étant le produit de leur maſſe par le quarré de leur vîteſſe, un rayon qui ne feroit que la $\frac{1}{27775555560000}$ᵉ partie d'un boulet d'une livre feroit le même effet que le Canon, & un ſeul inſtant de lumiére détruiroit tout l'Univers ; or je ne crois pas que nous ayons de *minimum* pour aſſigner l'extrême ténuité d'un corps qui n'étant que la $\frac{1}{27775555560000}$ partie d'un boulet d'une livre feroit de ſi terribles effets, & dont des millions de milliars paſſent à travers un trou d'épingle, pénétrent dans les pores d'un Diamant, & frappent ſans ceſſe l'organe le plus délicat de notre corps ſans le bleſſer, & même ſans ſe faire ſentir.

14°. L'expérience du trou d'épingle (qu'on trouveroit bien admirable, ſi elle étoit moins commune) fournit elle ſeule une démonſtration de l'exceſſive ténuité des rayons ; car regardez à travers ce trou pendant un jour entier, vous verrez toujours les mêmes objets, & auſſi diſtinctement : donc il vient à chaque moment indiviſible, des rayons de tous les points de ces objets, frapper votre rétine : or il faut de deux choſes l'une, ou que ce ne ſoient pas les rayons du Soleil qui ayent augmenté le poids de l'Antimoine de M. Homberg, ou qu'il entrât pendant ce jour dans vos yeux pluſieurs onces de Feu, puiſqu'il y entreroit plus de rayons qu'il n'en pouvoit être entré dans le régule d'Antimoine pendant ſa calcination. Mais s'il entroit cette quantité de Feu dans nos yeux en un jour, combien y en entreroit-il en une ſemaine, en un mois, &c. que deviendroit cette matiere ignée, ſi elle étoit peſante ?

Je

Je crois donc qu'il est démontré en rigueur,
par la façon dont nous voyons, par les phénomenes de la lumiére, & par les loix primitives du choc des corps, que (supposé que
le Feu pese) nous ne pouvons nous appercevoir de son poids, & que si tous les rayons
que le Soleil envoye sur notre hémisphere
pendant le plus long jour de l'Eté, pesoient
seulement 3 livres, nos yeux nous feroient
inutiles, & l'Univers ne pourroit soutenir
un moment la lumiére.

15°. Le sçavant M. de Musschenbroek fait
en faveur de la pesanteur du Feu, un argument qui paroît très-fort. *Le Fer ardent que
vous pesez*, dit-il, *vous le pesez dans l'air qui
est un fluide, or le Feu ayant augmenté le volume de ce Fer par la raréfaction, il devroit
peser moins dans l'air lorsqu'il est chaud, &
que son volume est plus grand, que lorsqu'il s'est
contracté par le froid, & que son volume est diminué, & vous ne trouvez le même poids dans
le Fer refroidi, que parce que le Feu avoit réellement augmenté le poids du Fer enflammé ;
car s'il ne l'avoit pas augmenté, vous auriez
dû trouver votre Fer moins pesant lorsqu'il étoit
tout rouge, que lorsqu'il étoit refroidi.*

Argument
de M. Muss-
chenbroek ,
en faveur de
la pesanteur
du Feu.

C

Cet argument seroit invincible , si l'on étoit sûr qu'aucun autre corps que le Feu ne se fut introduit dans le Fer enflammé ; mais on est bien loin d'en être sûr , car s'il peut se mêler des corps étrangers aux corps calcinés par les rayons du Soleil (le Feu le plus pur que nous connoissions) combien à plus forte raison pourra-t-il entrer de particules de bois ou de charbon dans les corps qu'on expose au Feu ordinaire ? Ainsi on sent aisément qu'en réfutant l'expérience de M. Homberg , j'ai compté réfuter celles de M. Boyle, & Lémery , & toutes celles enfin qu'on a faites sur les corps augmentés de poids par le Feu ; cette augmentation que le Feu d'ici-bas cause dans les corps , devroit même être fort sensible par la quantité de particules hétérogenes qu'il doit introduire dans leurs pores , & elle n'est imperceptible dans quelques-uns , que parce qu'ils perdent beaucoup de leur propre substance par l'action du Feu, & que leur pesanteur spécifique diminue par la raréfaction.

Il faut donc conclure de toutes ces expériences que le Feu ne pese point, ou que s'il pese , il est impossible que son poids soit jamais sensible pour nous.

VII.

Quelles font les propriétés diſtinctives du Feu.

Mais ſi après avoir examiné les expériences de la peſanteur du Feu, on vient à
conſidérer ſa nature & à rechercher ſes propriétés, on ne peut s'empêcher de reconnoître que loin d'avoir cette tendance vers
le centre de la terre, que l'on remarque
dans les autres corps, il fuit au contraire
toujours ce centre, & que ſon action ſe porte
naturellement en haut.

Le Feu tend
naturellement
en-haut.

L'Académie de Florence a découvert
cette tendance du Feu en haut, par une expérience qui ne permet plus aux Philoſophes de ſe méfier de leurs ſens, quand ils
voyent la flamme monter, & l'action du Feu
ſe porter toujours en haut.

Deux Thermometres, l'un droit, & l'autre renverſé, ayant été mis dans un tube de
Verre, & deux globes de Fer, rouges &
égaux, approchés à égale diſtance de ces
tubes, le Thermometre qui étoit droit,
monta ſenſiblement plus que celui qui étoit
renverſé ne deſcendit. Je ne rapporte point
le procedé de cette expérience, ni les autres

circonſtances qui l'accompagnerent, on peut les voir dans les *Tentamina Florentina*, mais toutes ces circonſtances concourent à prouver que le Feu tend naturellement en haut, loin d'avoir aucune tendance vers le centre de la terre.

Cette tendance du Feu en haut, dépend d'une autre propriété particuliére au Feu, par laquelle il tend à l'équilibre, & ſe répand également dans tout l'eſpace, lorſque rien ne s'y oppoſe; ainſi le Feu tend ſans ceſſe à ſe dégager des pores des corps, & à ſe répandre en haut où il n'y a point d'atmoſphere ſenſible, & où il peut s'étendre également de tous côtés ſans obſtacle; car l'atmoſphere contribue infiniment à la chaleur dans laquelle nous vivons, ainſi que le froid qu'il fait ſur les Montagnes le prouve.

Une expérience bien ſimple, & que j'ai répétée ſouvent, prouve encore cette tendance du Feu en haut.

Si vous mettez une aſſiette ou une planche ſur un de ces grands cylindres de Verre qui ſervent l'Eté à couvrir les bougies, & que vous laiſſiez une bougie allumée ſous ce cylindre couvert, il eſt certain que la cha-

leur de la flamme doit à tout moment raréfier l'air renfermé dans ce verre : donc si la
flamme montoit par sa seule légéreté spécifique (comme on le prétend) on la devroit
voir à tout moment s'arrondir & perdre sa
figure conique, puisque cet air renfermé dans
le cylindre, se raréfie à chaque instant , mais
c'est ce qui n'arrive point : la flamme con-
serve cette figure conique jusqu'au moment
auquel elle s'éteint , & lorsqu'elle est très-
diminuée de hauteur , on voit toujours sa
pointe tendre en haut.

La cause de ce phénomene est que la flamme de la bougie contient assez de feu pour
qu'il puisse s'opposer à la tendance naturelle
de cette flamme vers le centre de la terre ,
& que le Feu la fait monter par cette supériorité de force, indépendamment de la pesanteur spécifique de l'air ; le Feu ne feroit peut-
être pas le même effet sur toutes les flammes ,
car il y en a qui contiennent bien moins de
particules ignées les unes que les autres.

La légéreté spécifique de la flamme est
sans doute une des causes qui fait qu'on ne la
voit jamais tendre en bas, c'est aussi cette légéreté spécifique qui fait monter la fumée ;

mais les particules de feu que la flamme &
la fumée contiennent, contribuent aussi à
cette tendance en haut.

Pourquoi la fumée descend dans le vuide.

Tentamina Florentina.

La fumée qui est la même chose que la
flamme, lorsqu'elle contient moins de particules ignées, descend dans le vuide, parce
qu'étant composée des particules que le Feu
a détachées des corps, & ces particules ten-
dant par leur pesanteur vers le centre de la
terre : puisque dans le vuide la résistance de
l'air est ôtée, & qu'alors la pesanteur de ces
particules surpasse la force du Feu, elles
doivent tendre en bas; mais si vous augmen-
tez la quantité du Feu, en approchant un
charbon du récipient, alors la fumée monte
par la supériorité des particules du Feu.

M. Geoffroy a fait une expérience dans
laquelle on voit à l'œil que le feu tend à se
répandre également de tous côtés, & qu'il
fait sans cesse des efforts sur les parties des
corps pour les écarter les unes des autres ;
car cet habile Académicien rapporte qu'ayant
fait fondre du Fer au Miroir ardent, & ayant
ramassé les étincelles qu'il jettoit, il trouva
que ces étincelles étoient autant de petits
globes de fer creux; le Feu avoit donc com-

battu la cohesion de ces particules de fer, &
leur pesanteur, & il les avoit surmontées.

Le Feu est donc l'antagoniste perpétuel
de la pesanteur, loin de lui être soumis, ainsi
tout est dans la Nature dans de perpétuelles
oscillations de dilatation & de contraction
par l'action du Feu sur les corps, & la réaction des corps qui s'opposent à l'action du
feu par leur pesanteur & la cohésion de leurs
parties, & nous ne connoissons point de corps
parfaitement durs, parce que nous n'en connoissons point qui ne contienne du Feu, &
dont les parties soient dans un parfait repos;
ainsi les anciens Philosophes qui nioient le
repos absolu, étoient assurément plus sensés,
peut-être sans le sçavoir, que ceux qui nioient
le mouvement.

Sans cette action & cette réaction perpétuelle du Feu sur les corps, & des corps sur
le feu, toute fluidité, toute élasticité, toute
mollesse seroit bannie, & si la matiére étoit
privée un moment de cet esprit de vie qui l'a-
nime, de ce puissant agent qui s'oppose sans
cesse à l'adunation des corps, tout seroit
compact dans l'Univers, & il seroit bientôt détruit. Ainsi non seulement les expé-

Le Feu est
l'antagoniste
de la pesan-
teur, loin d'y
être soumis.

Point de re-
pos dans la
Nature.

Le Feu con-
serve & vivi-
fie tout dans
l'Univers.

riences ne démontrent point la pesanteur du feu ; mais vouloir que le feu soit pesant, c'est détruire sa nature, c'est enfin lui ôter sa propriété la plus essentielle, celle par laquelle il est un des ressorts du Créateur.

Un autre attribut du feu qui paroît encore n'appartenir qu'à lui, c'est d'être également distribué dans tous les corps. Les hommes ont dû être long-tems sans doute à se persuader cette vérité. Nous sommes portés à croire que le Marbre est plus froid que la Laine, nos sens nous le disent, & il a fallu pour nous détromper, que nous créassions, pour ainsi dire, un être pour juger du dégré de chaleur répandu dans les corps ; cet être, c'est le Thermometre, c'est lui qui nous a appris que les matiéres les plus compactes & les plus légeres, les plus spiritueuses & les plus froides, le Marbre, & les Cheveux, l'Eau, & l'Esprit de Vin, le Vuide de Boyle, & l'Or, tous les corps enfin (excepté les créatures animées) contiennent dans un même air la même quantité de feu.

Il suit de cette propriété du Feu, 1°. Que tous les corps sont également chauds dans le même air, puisqu'ils sont tous le même effet fur le Thermometre. 2°. Que le feu eſt diſ-tribué non felon les maſſes , mais felon les eſpaces , puiſque l'Or & le Vuide pneumati-que en contiennent également. 3°. Qu'il n'y a aucun corps qui s'empreigne de Feu plus qu'un autre , ni qui puiſſe en retenir une plus grande quantité , puiſque dans un même air l'Eſprit de Vin n'eſt pas plus chaud que l'Eau , & qu'ils ſe refroidiſſent au même degré.

Le Feu eſt répandu non felon les maſ-fes , mais ſe-lon les eſpa-ces.

Si nos fens nous difent que la Laine con-tient plus de Feu que le Marbre , notre rai-fon femble nous dire que l'Eſprit de Vin en contient plus que l'Eau , il refracte davan-tage la lumiére, le plus petit feu l'enflamme; il ſe confume entiérement par la flamme , il ne gele jamais ; enfin cette liqueur paroît toute ignée , furtout lorfqu'elle eſt devenue alcohol par la diſtillation ; cependant malgré tous ces phénomenes , le Thermometre dé-cide pour l'égalité , & on ne voit pas com-ment l'Eſprit de Vin pourroit contenir plus de feu que les autres corps , fans que le Ther-momometre nous en fît appercevoir ; car on ne peut dire que cette plus grande quantité de Feu que contient l'Eſprit de Vin, eſt en équi-libre avec ſes parties, de même qu'une moin-

L'Eſprit de vin ne con-tient pas plus de Feu que l'eau.

dre quantité eſt en équilibre avec celles de
l'Eau , & que quand l'action & la réaction
ſont égales , c'eſt comme s'il n'y avoit point
d'action. Car on ſuppoſeroit une choſe entierement contraire à tout ce que nous con-
noiſſons de l'action du Feu ſur les corps , &
de la réaction des corps ſur le Feu ; les corps
ne réſiſtent à l'action du Feu que par leur
maſſe , ou par la cohérence de leurs parties :
or l'Eſprit de Vin eſt de tous les fluides celui
qui peſe le moins (ſi vous en exceptez l'air) &
celui dont les parties paroiſſent les moins co-
hérentes ; l'alcohol , qui eſt plus leger que
l'Eſprit de Vin , eſt encore plus inflammable
que lui ; ainſi plus on conſidére le Feu comme
un corps qui agit ſelon les loix du choc ſur les
autres corps , moins on trouvera vrai-ſem-
blable que le corps le plus léger ſoit de tous
celui qui réſiſte le plus à l'action du Feu.
Donc puiſque le Thermometre fait voir que
l'Eſprit de Vin ne contient pas plus de Feu
que l'Eau , il faut convenir que le Feu eſt diſ-
tribué également dans tout l'eſpace , ſans
égard aux corps qui le rempliſſent. Si l'Eſprit de Vin rompt plus la lumiére que des
liquides plus denſes , s'il ne ſe gele jamais ,

cela dépend vrai-femblablement de la contexture & de la diftribution de fes pores , &
nullement d'une plus grande quantité de Feu
contenue dans fa fubftance , & s'il s'enflamme plus aifément , c'eft qu'il contient plus
de *pabulum ignis*, & que fes parties font plus
aifément féparées.

Le Marbre nous paroît plus froid que la
Laine , parce qu'étant plus compact, il touche notre main en plus de points , & qu'il
prend par conféquent d'autant plus de notre
chaleur ; ainfi malgré quelques apparences ,
nous fommes forcés de reconnoître cette
égale diftribution du Feu dans tous les corps.

Le froid artificiel que Faheinrheft a trouvé le moyen de produire , & qui fait baiffer
le Thermometre à 72 degrés au-deffous du
point de la congélation , prouve que dans
les plus grands froids que nous connoiffions ,
aucun corps n'eft privé du Feu , & qu'il ha-
bite en tous , & en tout tems.

Cette diftribution égale du Feu dans tous
les corps , cet équilibre auquel il tend par
fa nature , & dont on a été fi long tems fans
s'appercevoir , nous étoit cependant indi-
qué par mille effets opérés par le Feu , qui

font fans ceffe fous nos yeux , & aufquels on ne faifoit aucune attention.

Preuves.　1°. Toutes les parties d'un corps quelconque s'échauffent également , pourvû que le Feu ait le tems de le pénétrer ; or fi le Feu ne tenoit pas à l'équilibre par fa nature , il eft à croire qu'il trouveroit dans les corps, des parties dans lefquelles il pénétreroit plus facilement que les autres , ainfi leurs parties feroient inégalement échauffées , ce qui n'arrive pas.

2°. Un corps tout pétillant de Feu , auquel on applique un corps froid , perd de fa chaleur jufqu'à ce qu'il ait communiqué à cet autre corps une quantité de Feu qui rétabliffe l'équilibre entr'eux.

3°. L'Huile de Tartre par défaillance , qui nous paroît fi ignée , & l'Huile de Térébenthine diftillée, qui garantit nos corps du froid , & qui nous paroît fi chaude , ne le font pas plus par elles-mêmes que l'Eau pure ; car étant mêlées avec l'Eau , elles ne changent rien à fa température : ce qui prouve que l'efferverfcence que quelques liqueurs font avec l'eau , ne vient pas de ce que ces liqueurs contiennent plus de Feu que l'eau pure.

4°. Cette tendance du Feu à l'équilibre paroît être la cause de l'échauffement des corps, car sans cette indifférence du Feu pour un espace quelconque, il seroit difficile d'imaginer comment tous les corps pourroient s'échauffer si facilement ; mais cette tendance du Feu *quaquaverfum* fait qu'il eſt aiſé de le raſſembler, & que peu de choſe ſuffit pour rompre ſon équilibre, de même que le moindre poids fait pancher une balance bien juſte.

5°. Cette égale diſtribution du Feu ſemble être encore l'unique cauſe du refroidiſſement des corps échauffés, car on ne voit nulle raiſon pour laquelle le Fer tout imprégné de feu, n'en retiendroit pas quelques particules dans ſa ſubſtance, ni pourquoi aucun corps n'exhale tout le Feu qu'il contient ; l'équilibre du Feu donne la clef de toutes ces énigmes, car cet équilibre demande que tous les corps en contiennent une certaine quantité déterminée. C'eſt encore cette tendance du Feu à l'équilibre, qui fait que l'Huile & l'Eſprit de Vin, ces liqueurs ſi ſpiritueuſes, ſe refroidiſſent après l'ébullition au même degré que l'Eau ; car

Cette tendance du Feu a l'équilibre eſt la cauſe de l'échauffement & du refroidiſſement des corps.

comment l'air pourroit-il leur ôter la chaleur qu'elles acquiérent en bouillant, si le Feu par lui-même ne tendoit à rétablir l'équilibre entre tous les corps, dès que la cause qui l'avoit rompu, vient à cesser ? Les corps se refroidissent également dans le Vuide de Boyle, & dans l'Air; or si le Feu ne tendoit pas à l'équilibre, les corps une fois échauffés devroient conserver plus de particules de Feu dans le Vuide que dans l'Air.

6°. Le même Feu qui fond l'Or & les Pierres au foyer du Miroir ardent, répand dans l'air une chaleur qui nous est à peine sensible, parce que l'air ne s'oppose pas à l'équilibre du Feu comme l'Or & les autres corps, qui, par leur solidité, le retiennent quelque tems dans leurs pores. C'est encore pourquoi le Feu du Soleil raréfie l'air supérieur sans l'échauffer sensiblement, car la pression de l'atmosphere n'opposant plus sa résistance au Feu, il s'étend sans obstacle, & n'est plus rassemblé en assez grande quantité, pour que nous nous appercevions de sa chaleur ; la nécessité de cette pression de l'atmosphere, pour la chaleur du Feu, se fait voir sensiblement dans l'Eau, qui acquiert un plus grand degré de chaleur en bouillant, à proportion de la plus grande pefanteur de l'atmofphere.

7°. Une preuve de l'indifférence du Feu pour tous les corps quelconques, c'eft que l'air d'ici-bas, qui eft compofé de toutes les parties hétérogenes qui fe mêlent à lui par les exhalaifons, s'échauffe également par un même Feu.

8°. Le Thermometre d'Efprit de Vin, qui eft compofé d'une liqueur très-fpiritueufe, baiffe dans les fermentations froides, & hauffe dans les chaudes ; d'où peut venir cet effet, fi ce n'eft de ce que dans les unes il donne de fa chaleur aux corps qui fermentent, & que dans les autres il prend de la leur, ce qui n'arriveroit pas fi le Feu ne tendoit à fe répandre également dans tous les corps.

Une des propriétés diftinctives & inféparables du Feu, eft donc d'être également répandu dans tout l'efpace, fans aucun égard aux corps qui le rempliffent, & de tendre à rétablir l'équilibre de la chaleur entre les corps, dès que la caufe qui l'a rompu vient à ceffer.

Il paroît très-vraisemblable que le Feu est capable de plus ou moins de mouvement, selon que les corps lui résistent plus ou moins, ou que sa puissance est excitée par le frottement , mais que le repos absolu est incompatible avec sa nature ; & que c'est le Feu qui imprime aux corps le mouvement interne de leurs parties , c'est ce mouvement qui est la cause de l'accroissement & de la dissolution de tous les corps de l'Univers ; ainsi le Feu est , pour ainsi dire, l'ame du monde , & le souffle de vie répandu par le Créateur sur son ouvrage.

V I I I.

Conclusion de la premiere Partie.

Je conclus de tout ce que j'ai dit dans cette premiere partie.

1°. Que la lumiére & la chaleur sont deux effets très-différens & très-indépendans l'un de l'autre, & que ce sont deux façons d'être, deux modes, de l'être que nous appellons *Feu.*

2°. Que l'effet le plus universel de cet être , celui qu'il opére dans tous les corps, & dans tous les lieux , c'est de raréfier les
corps ,

corps , d'augmenter leur volume , & de les féparer jufques dans leurs parties élémentai-res , quand fon action eft continuée.

3°. Que le Feu n'eft point le réfultat du mouvement.

4°. Que le Feu a quelques-unes des pro-priétés de la matiere , fon étendue , fa divi-fibilité , &c.

5°. Que l'impénétrabilité du Feu n'eft pas démontrée.

6°. Que le Feu n'eft point pefant , qu'il ne tend point vers un centre , comme tous les autres corps.

7°. Qu'il feroit impoffible (fuppofé mê-me qu'il pefât) que nous puffions nous ap-percevoir de fon poids.

8°. Que le Feu a plufieurs propriétés qui lui font propres , outre celles qui lui font communes avec les autres corps.

9°. Qu'une de fes propriétés , c'eft de n'être déterminé vers aucun point , de fe ré-pandre également dans tous les corps , & de tendre à l'équilibre par fa nature.

10°. Que c'eft par cette propriété qu'il s'oppofe fans ceffe à l'adunation des corps , & que c'eft par elle enfin qu'il eft un des

refforts du Créateur, dont il vivifie & conferve l'ouvrage.

11°. Que le Feu eft la caufe du mouvement interne des parties des corps.

12° Que le Feu eft fufceptible de plus ou
de moins dans fon mouvement, mais que le
repos abfolu eft incompatible avec fa nature.

13°. Que le Feu eft également répandu
dans tout l'efpace, & que dans un même air
tous les corps en contiennent une égale quantité, fi l'on en excepte les créatures qui ont
la vie.

Après avoir examiné la nature du Feu &
fes propriétés, il me refte à examiner les loix
qu'il fuit, lorfqu'il agit fur les corps, & que
fes effets font fenfibles.

SECONDE PARTIE.

De la Propagation du Feu.

I.

Comment le Feu est distribué dans les corps.

LE Feu est distribué ici-bas de deux façons différentes.

1°. Egalement dans tout l'espace , quels
que soient les corps qui le remplissent , lorsque la température de l'air qui les contient
est égale.

2°. Dans les créatures qui ont reçû la
vie , lesquelles contiennent plus de Feu que
les Végétaux , & les autres corps de la Nature.

Le Feu étant répandu par-tout , exerce
son action sur toute la Nature , c'est lui qui
unit & qui dissout tout dans l'Univers.

Le Feu agit
sur toute la
Nature.

Mais cet être dont les effets sont si puissans dans nos opérations , se dérobe à nos
sens dans celles de la Nature , & il a fallu
des expériences bien fines , & des réfléxions
bien profondes pour nous découvrir l'action

infenfible que le Feu exerce dans tous les corps.

Si l'équilibre que le Feu affecte, n'étoit jamais interrompu, ni dans nous-mêmes, ni dans les corps qui nous entourent, nous n'aurions aucune idée du froid, ni du chaud, & nous ne connoîtrions du Feu que fa lumiére.

Mais comme il eft impoffible que l'Univers fubfifte, fans que cet équilibre foit à tout moment rompu, nous fentons prefque à chaque moment les viciffitudes du froid & du chaud que l'altération de notre propre température, ou celle des corps qui nous environnent, nous font éprouver.

L'action du Feu, lorfqu'elle fe cache, ou lorfqu'elle fe manifefte à nous, peut être comparée à la force vive & à la force morte ; mais de même que la force du corps eft fenfiblement arrêtée fans être détruite, auffi le Feu conferve-t-il dans cet état d'inaction apparente, la force par laquelle il s'oppofe à la cohéfion des parties des corps, & le combat perpétuel de cet effort du Feu, & de la réfiftance que les corps lui oppofent, produit prefque tous les Phénomenes de la Nature.

Ainfi on peut confidérer le Feu dans trois états différens, qui réfultent de la combinaifon de ces deux forces.

1°. Lorfque l'action du Feu fur les corps, & la réaction des corps fur lui, font en équilibre ; alors c'eft comme s'il n'y avoit point d'action, & les effets du Feu nous font infenfibles.

2°. Lorfque cet équilibre eft rompu, & que la réfiftance des corps l'emporte fur la force du Feu ; alors les corps fe condenfent, une partie du feu qu'ils contiennent eft obligée de les abandonner, & ils nous donnent la fenfation du froid.

3°. Enfin, lorfque l'action du Feu l'emporte fur la réaction des corps, alors les corps s'échauffent, fe raréfient, deviennent lumineux, felon que la quantité du Feu qu'ils reçoivent dans leur fubftance eft augmentée, ou que la force de celui qu'ils y renferment naturellement eft plus ou moins excitée. Si cette puiffance du Feu paffe de certaines bornes, les corps fur lefquels il l'exerce fe fondent ou s'évaporent ; dans ce cas le Feu n'ayant plus d'antagonifte, force par fa tendance *quaquaverfum*, les parties des corps à se fuir, à s'écarter l'une de l'autre de plus en plus, jusqu'à ce qu'enfin il les ait entiérement séparées.

Quelques Philosophes considérant avec quelle force les parties des corps s'éloignent l'une de l'autre dans l'évaporation (puisque la vapeur qui sort de l'eau bouillante augmente son volume jusqu'à 14000 fois) ont supposé dans les particules des corps une force répulsive, par laquelle elles s'écartent & se fuyent dans de certaines circonstances qui déployent cette force ; mais cette vertu répulsive paroît n'être autre chose que l'action que le Feu exerce sur les corps, & par laquelle il combat la cohérence de leurs parties ; ainsi de ces deux forces combinées, *la cohérence des corps, & l'effort que fait le feu pour s'y opposer*, résultent tous les assemblages & toutes les dissolutions de l'Univers, la cohésion unissant, comprimant, connectant les parties des corps, & le Feu, au contraire les écartant, les séparant, les raréfiant.

Il faut donc examiner les différens effets qui résultent de la combinaison de ces forces.

à fe fuir, à s'écarter l'une de l'autre de plus en plus, jufqu'à ce qu'enfin il les ait entiérement féparées.

Quelques Philofophes confidérant avec quelle force les parties des corps s'éloignent l'une de l'autre dans l'évaporation (puifque la vapeur qui fort de l'eau bouillante augmente fon volume jufqu'à 14000 fois) ont fuppofé dans les particules des corps une force répulfive, par laquelle elles s'écartent & fe fuyent dans de certaines circonftances qui déployent cette force ; mais cette vertu répulfive paroît n'être autre chofe que l'ac-

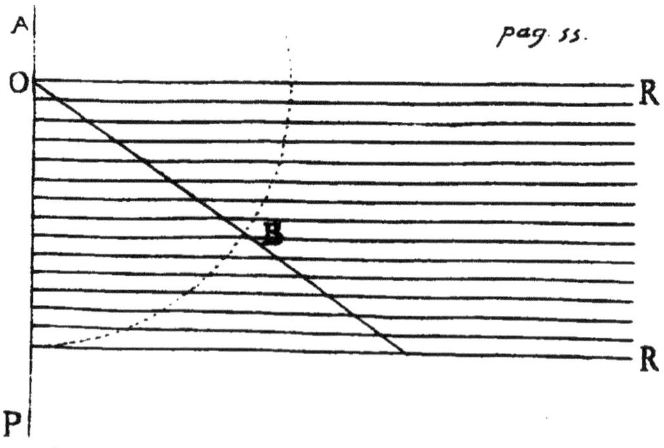

I I.

Des causes de la chaleur des corps.

Un corps s'échauffe, ou parce qu'il reçoit plus de Feu dans ses pores, ou parce que celui qui y est renfermé, reçoit un nouveau mouvement.

Il me semble qu'on peut rapporter les différentes causes qui peuvent produire ces effets sur les corps, à deux principales.

La premiére est la présence du Soleil & la direction des rayons qu'il nous envoye; les corps reçoivent par la présence du Soleil, un nouveau Feu dans leurs pores, & ils en reçoivent d'autant plus que l'incidence de ses rayons est plus perpendiculaire.

Les rayons perpendiculaires sont plus denses que les rayons obliques, car le plan perpendiculaire *AP*, reçoit tous les rayons qui tombent dans l'espace *RR*, mais il n'en recevroit environ que la moitié, s'il étoit incliné dans la direction *OB*, & il en recevroit d'autant moins que sa position seroit plus oblique : donc puisque le même espace reçoit plus de rayons, il doit être plus échauffé.

Deux causes de la chaleur des corps.

D 4

La feconde caufe qui manifefte le Feu, & qui interrompt l'équilibre auquel il tend, c'eft l'attrition des corps les uns contre les autres. Toutes les façons dont le Feu d'ici-bas peut être excité, ne font que des modifications de cette caufe, de même que tous nos fens ne font qu'un tact diverfifié.

C'eft vraifemblablement cette attrition des corps qui a fait connoître le Feu aux premiers hommes. L'embrafement de quelques forêts que l'agitation de leurs branches aura produit, ou le choc de deux cailloux, leur auront fait connoître cet être qui les animoit, & dont ils ne foupçonnoient pas même l'exiftence.

Ainfi les premiers hommes auront pû voir long-tems la lumiére du Soleil, & fentir fa chaleur, ils auront pû éprouver les viciffitudes du froid & du chaud caufées par la fanté, & la maladie, fans avoir aucune idée du Feu, c'eft-à-dire, de cet être que nous avons le pouvoir d'exciter, & pour ainfi dire de créer, car le premier Feu que les hommes ont produit, a dû leur paroître une création véritable.

La Nature ayant laiffé deviner aux hom-

mes le fecret du Feu, ils ont dû être encore long-tems fans fe douter que les rayons
du Soleil, & le feu qu'ils allument, fuffent
de la même nature; il a fallu que l'invention
admirable des Verres brûlans leur ait appris
que ce Soleil, dont le retour leur apporte la
fanté, & rajeunit toute la Nature, avoit la
vertu de tout détruire comme de tout vivi-
fier, & que l'effet de fes rayons, lorfqu'ils
font raffemblés, furpaffe de beaucoup ceux
du Feu d'ici-bas.

I I I.

Du Feu produit par le frottement.

Cette feconde caufe, qui manifefte le Feu
que les corps contiennent, agit d'autant
plus puiffamment, que les corps que l'on
frotte s'appliquent plus exactement l'un contre l'autre ; ainfi trois chofes peuvent augmenter les effets que le Feu produit par l'attrition.

1°. La maffe des corps.

2°. Leur élafticité.

3°. La rapidité du mouvement.

La maffe des corps fait que leurs parties
fe touchent en plus de points, c'eft pour-

quoi un fluide, ou quelque matiere onctueuse interpofée entre deux corps, diminuë beaucoup la chaleur excitée par le frottement, car ce fluide s'oppofe au contact immédiat de ces corps en fe gliffant entr'eux ; c'eft en partie pour cette raifon que l'on graiffe le moyeux des rouës.

L'élafticité des corps fait que les ofcillations de contraction & de dilatation que le frottement excite en eux, fe communiquent jufqu'à leurs parties les plus infenfibles, & que par conféquent le Feu retenu dans leurs pores, acquiert un plus grand mouvement.

Enfin la rapidité du mouvement de ces corps augmente cette action du Feu, car toute caufe produit des effets d'autant plus grands, qu'elle eft plus fouvent & plus continuëment appliquée.

La production du Feu par le frottement, fuit les loix du choc.

Ainfi les effets que le Feu produit par le frottement, fuivent les loix generales du choc des corps, puifqu'ils dépendent de la maffe & de la vîteffe, quoique peut-être dans une proportion qui n'eft pas affignable, par les changemens que la différente contexture des parties internes des corps y doit apporter.

L'attrition ne fait que déceler le Feu que

les corps contiennent dans leur substance ; alors cette balance entre la puissance du Feu & la cohesion des parties des corps, n'est plus en équilibre, & cette supériorité de force, que le Feu acquiert par l'augmentation de son mouvement, se manifeste par la chaleur des corps que l'on frotte, & quelquefois par leur embrasement.

Cet effet n'est point produit par l'air, comme quelques-uns l'ont prétendu, puisqu'il s'opere dans le vuide.

Les corps les plus élastiques étant ceux qui s'échauffent le plus par le frottement, cette cause doit produire peu d'effet sur les fluides ; (car lorsque les fluides s'échauffent soit par l'agitation, soit par la mixtion, ils ne s'échauffent que par le frottement de leurs parties,) cette cause doit produire moins d'effet sur les fluides moins élastiques, c'est pourquoi l'eau pure s'échauffe très-difficilement par le mouvement seul, ses parties échappant par leur liquidité aux frottemens nécessaires pour mettre en action le Feu retenu dans ses pores ; mais l'air au contraire, qui est très-élastique, s'échauffe très-sensiblement par l'attrition.

L'attrition des corps eſt en même tems la plus univerſelle & la plus puiſſante cauſe pour exciter la puiſſance du Feu, les effets qui ſont pour nous le dernier période de ſa puiſſance, & que le plus grand Miroir ardent n'opere que très-rarement, la percuſſion les produit en tout tems, & en tout lieu, dans le vuide, comme dans l'air, par la gelée la plus forte, comme par le tems le plus chaud ; car ſi vous frappez fortement une pierre contre un morceau de fer, il en ſort en quelque tems que ce ſoit, des étincelles, qui, étant reçûës ſur un papier, ſe trouvent autant de petits globes de verre produits par la vitrification de la pierre ou du métal, & peut-être de tous les deux enſemble : c'eſt-là ſans doute un des plus grands miracles de la Nature, que le Feu le plus violent, puiſſe être produit en un moment par la percuſſion des corps les plus froids en apparence.

§. V.

De l'action du Feu ſur les Solides.

Le Feu raréfie tous les corps, c'eſt une verité que l'on a tâché d'établir dans la première Partie de cet ouvrage. Les fluides, les folides, tous les corps enfin fur lefquels on a operé jufqu'à préfent, éprouvent cet effet du Feu, & tous les autres effets qu'il opere fur eux, ne font que les différens degrés de cette raréfaction.

Je vais commencer par examiner les progrès & les bornes de cet effet du Feu dans les folides.

Cette dilatation n'étend pas les corps feulement en longueur, mais felon toutes leurs dimenfions, & cela doit être ainfi, puifque l'action du Feu fe porte également de tous côtés; ainfi un cylindre de Cuivre ne paffe plus, lorfqu'il eft chaud, à travers le même anneau qui le tranfmettoit avant d'être échauffé.

Un Philofophe de nos jours, qui joint l'adreffe de la main aux lumieres de l'efprit, a porté cette découverte à fa perfection, par l'invention d'un inftrument qui nous fait voir la $\frac{1}{12500}$e. partie d'un pouce dans l'augmentation du volume des corps, ainfi la plus petite différence qui puiffe être fenfible pour nous, tombe fous nos yeux par le moyen du Pyrometre.

Cet inftrument nous a appris :

1°. Que la Craye blanche que l'on croyoit exceptée de cette regle generale de la dilatation, y eſt ſoumiſe, d'où l'on doit conclure qu'il eſt vraiſemblable qu'il ne nous manque que des inſtrumens & des yeux aſſez fins pour nous appercevoir de celle que les rayons de la Lune operent, & de celle que le Sable qui paroît encore s'y refuſer, ſubit.

2°. Cette dilatation des corps eſt plus grande dans les plus legers, & moindre dans ceux qui ont plus de maſſe; mais elle ne ſuit ni la raiſon directe de la maſſe, ni celle de la cohérence des parties, ni une raiſon compoſée des deux, mais une raiſon inaſſignable; car cet effet du Feu ſur les corps dépend de leur contexture interne que nous ne découvrirons vraiſemblablement jamais.

3°. Cette expanſion des corps ne ſuit point non plus la quantité du Feu; il eſt bien vrai que plus le Feu augmente, plus la dilatation augmente auſſi, mais non pas proportionnellement; la dilatation operée par deux mêches d'Eſprit de Vin, par exemple, n'eſt pas double de celle qu'une ſeule mêche opere, mais un peu moindre; & celle que trois mêches produiſent eſt encore dans une moindre raiſon.

M. Bernoulli a fait voir que l'extenſion des fibres ſemblables & homogènes, chargées de poids différens, eſt moindre que la raiſon des poids, & que cette raiſon diminuë à meſure que l'extenſion augmente : il en eſt de même de la dilatation des corps par le Feu, il les dilate d'autant moins, qu'il les a déja plus dilatés ; ainſi une barre de Fer froide eſt comme une corde non tenduë, ces corps s'allongent tous deux, le fer par le Feu qu'on lui applique, & la corde par le poids dont on la charge, & il faudra d'autant plus de poids & de Feu pour produire une même extenſion, que le fer ſera déja plus dilaté & la corde plus tenduë, car l'extenſion de la corde & la dilatation du fer ſont fixées ; ainſi le Feu en dilatant les corps fait ſur eux le même effet que s'ils étoient étendus par une force externe quelconque, puiſque la pulſion interne du Feu, & la traction appliquée extérieurement, produiſent le même effet, qui eſt l'alongement du corps ; il y a cependant cette différence, que le Feu dilate les corps en tout ſens, & que la traction extérieure ne les étend qu'en longueur.

4°. On ſuit la marche du Feu dans la dilatation des corps à l'aide du Pyrometre , cette dilatation eft plus lente au commence-ment , car le Feu eft quelque tems à péné-trer dans les pores des corps , & à vaincre la cohefion de leurs parties , mais lorfqu'il a furmonté cette réfiftance , le corps fe dilate davantage ; enfin la dilatation eft plus lente à la fin lorfqu'elle eft prête d'atteindre fon dernier degré , car alors le Feu ayant ouvert les pores des corps , il eft tranfmis en partie à travers ces pores dilatés : or ce corps ne recevant que la même quantité de Feu , & en tranfmettant une partie , les progrès de fa di-latation doivent être moindres.

5°. Le tems dans lequel cette raréfaction s'opere par un même Feu , eft différent dans les différens corps , & ne fuit aucune raifon affignable. La feule regle générale , c'eft que plus un corps peut * acquérir de chaleur , & plus fa dilatation eft lente.

6°. Les Métaux ne fe fondent pas tous au même degré de chaleur , le Pyrometre nous

* Les expériences ont fait voir que les différens corps acquerent un certain degré de chaleur détermi-né , paffé lequel le Feu le plus violent ne peut plus les échauffer.

apprend

apprend bien à la verité la quantité de leur expanfion, mais il ne nous informe pas du degré de chaleur qu'ils acquerent dans cette expanfion & dans la fufion.

M. de Muffchenbroëk Inventeur du Pyrometre, imagina de découvrir la chaleur des Métaux en fonte, par la quantité de raréfaction que les différens Métaux feroient éprouver au Fer, de même que l'on connoît la chaleur des liquides par le degré de raréfaction qu'ils operent fur le Mercure, car le Fer étant celui de tous les Métaux qui fe fond le plus tard, il eft le plus propre à marquer ces différences.

Cette chaleur des Métaux en fonte ne fe trouve encore affervie à aucune regle, elle ne fuit pas même la proportion de la dilatation, car le Plomb, qui fe dilate prefque autant que l'Etain par un même Feu, fe trouve cependant avoir befoin pour fe fondre, d'un Feu prefque double de celui qui fond l'Etain.

Une chofe qui eft encore affez finguliere, c'eft que deux Métaux quelconques mêlés enfemble, fe fondent à un moindre Feu, que s'ils étoient féparés.

F.

7². Lorsque la dilatation des corps est à son dernier période, leurs parties sont obligées de céder à l'action du Feu, & de se séparer ; alors le Feu les fait passer de l'état de solides à celui de fluides, & c'est-là le dernier degré de l'action du Feu sur eux : car leurs pores étant suffisamment dilatés, ils rendent autant de particules de Feu qu'ils en reçoivent, ainsi la chaleur des corps n'augmente plus après la fusion.

Si la puissance du Feu sur les corps n'étoit pas bornée, le Feu détruiroit bientôt l'univers, ces bornes que le Créateur lui a imposées & qu'il ne franchit jamais, sont une des grandes preuves du dessein qui regne dans cet univers.

Lorsque le Feu fait passer les corps solides à l'état de fluides, il les sépare jusques dans leurs parties élémentaires ; un grain d'Or fondu avec 100000. grains d'Argent, se mêle avec l'Argent, de façon que ces deux Métaux forment dans la fusion une liqueur dorée ; & si après la fusion on sépare un grain de toute cette masse, on retrouve entre l'Or & l'Argent de ce grain la même proportion de 100000. à 1, & l'on n'a point encore trouvé les bornes de cette incorporation de l'Or dans l'Argent.

On voit dans cette expérience un exemple des deux plus puissans effets du Feu sur les corps, l'un de les désunir & de les séparer jusques dans leurs principes, & l'autre de les assembler & de les incorporer ensemble.

Ces deux effets si différens, qui paroissent l'αλφα & l'ωμεγα de la Nature, (si je puis m'exprimer ainsi,) le Feu les opere par cette même proprieté qui lui fait raréfier tous les corps, car pour que deux corps soient aussi intimement unis que l'Or & l'Argent dont je viens de parler, il faut qu'ils ayent été divisés jusques dans leurs principes, afin que leurs plus petites particules ayent pû s'unir intimement l'une à l'autre en se réfroidissant ; ainsi le Feu est le plus puissant, & peut-être le seul agent de la Nature pour unir & pour séparer, il fait le Verre, l'Or, le Savon, &c. & il dissout tous ces corps, il paroît être enfin la cause de la plûpart des formations, & des dissolutions de la Nature.

Le Feu agit différemment sur les différens

corps fuivant la cohérence, la maffe, la glutinité de leurs parties, &c. & tous ces différens effets dépendent de l'action & de la réaction perpétuelle du Feu fur les corps, & des corps fur le Feu, c'eft toujours la même caufe qui fe diverfifie en mille façons différentes.

Puifque le Feu dilate tous les corps, puifque fon abfence les contracte, les corps doivent être plus dilatés le jour que la nuit, les maifons plus hautes, les hommes plus grands, &c. ainfi tout eft dans la Nature dans de perpétuelles ofcillations de contraction & de dilatation, qui entretiennent le mouvement & la vie dans l'Univers.

La chaleur doit dilater les corps fous l'Equateur, & les contracter fous le Pole; c'eft pourquoi les Lapons font petits & robuftes, & il y a grande apparence que les Animaux & les Végétaux qui vivent fous le Pole, moureroient fous l'Equateur, & ceux de l'Equateur fous le Pole, à moins qu'ils n'y fuffent portés par des gradations infenfibles, comme les Cometes paffent de leur aphélie à leur périhélie.

Cette chaleur doit élever la terre dans

la région de l'Equateur, & le froid doit abaisser celle du Pole; mais cette élevation causée par la chaleur seulement, doit être insensible pour nous.

Les corps s'échauffent plus ou moins, & plus ou moins vîte, selon leur couleur, ainsi les corps blancs composés de particules très-compactes & très-serrées, cédent plus difficilement à l'action du Feu, c'est pourquoi ils réfléchissent presque toute la lumiere qu'ils reçoivent; les noirs, au contraire, composés de particules très-déliées, cédent aisément à l'action du Feu, & l'absorbent dans leur substance; ainsi un corps noir, toutes choses égales, pese spécifiquement moins qu'un corps blanc : & la facilité avec laquelle le noir s'échauffe, fait que les terres noires sont les plus fertiles.

Ce n'est pas seulement le noir & le blanc qui s'échauffent différemment par un même Feu, mais les sept couleurs primitives s'échauffent à des degrés différens. J'ai fait teindre un morceau de drap des sept couleurs du prisme, & l'ayant mouillé également, l'eau, par un même Feu, s'est retirée des pores de ces couleurs dans cet ordre, à commencer par celles qui fe fécherent le plus vîte : *violet*, *indigo*, *bleu*, *verd*, *jaune*, *orangé* & *rouge*. La réflexion des rayons fuit le même ordre, & cela ne peut être autrement, car le corps qui abforbe le moins de rayons, eft fûrement celui qui en refléchit davantage.

Une expérience bien curieufe (fi elle eft poffible) ce feroit de raffembler féparément affez de rayons homogènes pour éprouver fi les rayons primitifs qui excitent en nous la fenfation des différentes couleurs, n'auroient pas différentes vertus brûlantes ; fi les *rouges*, par exemple, donneroient une plus grande chaleur que les *violets*, &c. c'eft ce que je fuis bien tentée de foupçonner :

Natura eft fibi femper confona.

Or les différens rayons ne nous donnent la fenfation des différentes couleurs, que parce que chacun d'eux ébranle le nerf optique différemment ; pourquoi ne feront-ils pas auffi des impreffions différentes fur les corps qu'ils confument, & fur notre peau ? Il y a grande apparence, fi cela eft ainfi, que les *rouges* échauffent davantage que les *violets*, les *jaunes* que les *bleus*, &c. car ils font des impreffions plus fortes fur les yeux ; la plus grande difficulté eft peut-être de s'appercevoir de ces différences, le fens du tact ne paroiffant pas fufceptible de fentir des varietés auffi fines que celui de la vûë : quoi qu'il en foit, il me femble que cette expérience mérite d'être tentée, elle demande des yeux bien atten-tifs, & des mains bien exercées, je ne me fuis pas trouvée à portée de la faire, mais à qui peut-on mieux s'adreffer pour l'exécuter, qu'aux Philofophes qui doivent juger cet Effai ?

V.

Comment le Feu agit fur les Liquides.

On fçauroit peu de chofe fur la façon dont le Feu agit fur les liquides, fans la découverte de M. Amontons ; on fçait que ce fçavant homme, en cherchant le moyen de faire un Thermometre plus parfait que celui de Florence, découvrit que l'eau qui bout, acquert un degré de chaleur déterminé, paffé lequel elle ne s'échauffe plus par le plus grand Feu.

L'eau bouillante n'acquert plus de chaleur.

Le célébre M. de Reaumur, & Faheinrheit, cet Artifan Philofophe, ont perfectionné tous deux cette découverte d'Amontons.

M. de Reaumur a remarqué que l'eau ne fait pas monter le Thermometre à son dernier période dans le moment même de l'ébullition, mais quelque tems après, & que ce tems va même quelquefois jusqu'à un quart d'heure ; ce Philosophe nous en a appris la raison, la liqueur du Thermometre se réfroidit en montant dans le tube, & il faut du tems pour que la chaleur de l'eau contrebalance cet effet des parties du tube ; ainsi la chaleur de l'eau n'augmente pas réellement après l'ébullition, mais elle paroît augmenter, & cette augmentation apparente a trompé plusieurs Physiciens, & leur a fait douter de la découverte d'Amontons avant la remarque de M. de Reaumur.

Faheinrheit de son côté a découvert que la pression de l'Atmosphere augmente la chaleur que l'eau acquert en bouillant, en sorte que plus l'Atmosphere est pesant, plus il faut de Feu pour faire bouillir l'eau. Cette découverte est confirmée par ce qui arrive dans le vuide, où l'eau qui n'étoit que tiede dans l'air, bout dans le moment qu'on la met sous le récipient.

On voit aisément la raison de ce qui arrive

alors, car lorfque la furface de l'eau eft preffée par un plus grand poids, le Feu fépare
plus difficilement fes parties, & par conféquent il faut une plus grande quantité de Feu
pour la faire bouillir, puifque c'eft dans cette
féparation des parties des liquides, que confifte l'ébullition ; ainfi il eft vraifemblable
que l'eau, preffée par un poids pareil à celui
que l'Atmofphere auroit à 409640 toifes au
deffous de la furface de la terre, brilleroit
comme les métaux en fonte, car le poids de
l'Atmofphere à cette profondeur, feroit égal
à celui de l'Or, fuivant le calcul de M. Mariotte.

Cette proprieté de l'eau de ne point augmenter fa chaleur paffé l'ébullition, appar-
tient à tous les fluides, ainfi :

1°. Ils acquerent tous des degrés de chaleur différens dans l'ébullition, car il faut
que le Feu foit en plus grande quantité pour
faire les mêmes effets fur les corps qui lui oppofent une plus grande réfiftance ; mais cette
quantité de Feu plus ou moins grande, que
les différens liquides reçoivent dans leurs
pores, ne dépend point de leur maffe, car
l'Huile qui eft plus légere que l'eau, acquert

cependant près de trois fois autant de chaleur que l'eau avant de bouillir, & l'Esprit de Vin qui est aussi plus léger que l'eau, acquert moins de chaleur qu'elle dans l'ébullition.

Le Mercure est de tous les fluides celui auquel il faut un plus grand Feu pour bouillir ; ainsi on connoit avec certitude le plus grand degré de chaleur des autres fluides, à l'aide des Thermometres de Mercure.

La raréfaction ne suit point la densité des liquides.

2°. La quantité de la raréfaction que le Feu opere sur les fluides, depuis le froid artificiel produit par l'Esprit de Nitre, jusqu'à l'ébullition, est différente dans les différens fluides ; mais elle ne suit ni la raison de la pesanteur spécifique, ni celle de la glutinité des parties, ni aucune raison constante, car l'Esprit de Vin qui est plus léger que l'eau, augmente son volume de $\frac{1}{9}^{e}$. & l'eau seulement de $\frac{1}{85}^{es}$. mais le Mercure dont la pésanteur spécifique est à celle de l'eau comme 14 à 1, augmente le sien de $\frac{4}{51}^{es}$. Ainsi il en faut toujours revenir à la contexture intime des corps quand on veut expliquer les effets que le Feu fait sur eux ; & comme nous ne la connoîtrons jamais, il y aura toujours dans ces effets des exceptions aux regles les plus générales.

3°. La raréfaction de presque tous les fluides s'opere par des especes de sauts inégaux ;
le Mercure est celui de tous qui se rarefie le
plus également, & c'est un des avantages des
Thermometres qui en sont composés.

4°. L'Air qui est de tous les fluides celui
qui se raréfie le plus, ne parvient jamais jusqu'à l'ébullition, sa raréfaction est telle, que
la chaleur de l'eau bouillante augmente son
volume d'un tiers, & c'est encore à M. Amontons à qui nous devons cette découverte :
cette grande raréfaction est peut-être ce qui
l'empêche de bouillir, de même que l'Esprit
de Vin ne bout point au foyer d'un verre ardent, parce qu'il s'évapore dans le moment ;
ainsi après que le Feu a fondu les solides &
fait bouillir les liquides, si son action est continuée il fait évaporer leurs parties.

5°. Le mélange des **différentes liqueurs**,
produit des effets très-singuliers.

Quelquefois les liqueurs mêlées s'enflamment, & c'est ce qu'on appelle *des fulmina-
tions*; plusieurs Huiles font cet effet avec
l'Esprit de Nitre.

Dans d'autres mélanges, il se fait une grande effervescence, qui produit le réfroidisse-

ment des liqueurs, & c'eft ce qu'on appelle
des fermentations froides dont j'ai parlé dans
ma premiere Partie, c'eft ainfi que l'Efprit de Vin fermente lorfqu'il eft mêlé avec
l'Huile de Thérébentine.

D'autres liqueurs au contraire, s'échauffent très-fenfiblement par la mixtion, ainfi
l'Efprit de Vin mêlé avec de l'eau fait monter * le Thermometre de 18 degrés. Il fait à
peu près le même effet avec notre fang; &
c'eft ce qui fait que les liqueurs fpiritueufes
font mortelles, quand on en abufe.

Dans les fermentations chaudes, le mêlange s'échauffe dans le moment même de la
mixtion, la Poudre à Canon ne prend pas
feu plutôt, & lorfque le mêlange eft parfait,
la liqueur ne s'échauffe plus, quelque fort
qu'on la remuë.

Il y a des mêlanges qui s'échauffent plus
que d'autres, parce que les particules des liqueurs qui les compofent, agiffent plus puiffamment les unes fur les autres; de même que
certains corps acquerent plus de chaleur que
d'autres, par l'attrition de leurs parties.

* Les degrés de froid & de chaud dont je parle,
ont été pris au Thermometre de Faheinrheit.

La chaleur que les fermentations chaudes produifent dure jufqu'à ce que le mouvement où font les liquides ceffe , alors ils retournent à leur premiere température , de même que la chaleur que les folides acquerent par le frottement , fe diffipe dès que le mouvement interne de leurs parties vient à ceffer.

L'analogie feroit parfaite , s'il y avoit des corps folides qui fe réfroidiffent par le frottement , comme il arrive à quelques liqueurs de fe refroidir par la mixtion , mais nous n'en connoiffons point.

Il paroît plus difficile de connoître ce qui caufe les fermentations froides que les chaudes.

Il eft cependant vraifemblable que c'eft la même caufe qui agit dans les unes & dans les autres ; toute la différence confifte en ce que dans les fermentations chaudes , les particules ignées font évaporer les particules les plus légeres des liqueurs , & que dans les froides , ce font les parties de Feu qui s'évaporent : ainfi ces effets fi différens dépendent vraifemblablement de la façon dont les particules des différentes liqueurs agiffent les unes fur les autres.

Mais l'effet le plus singulier de ces mélanges, & qui paroît entierement inexplicable, c'est que deux quantités égales, mais inégalement échauffées, d'un liquide quelconque, prennent par la mixtion, un degré de chaleur qui est la moitié de la différence de la chaleur que ces deux portions du même liquide avoient avant d'être mêlées ; ainsi une livre d'eau qui tient le Thermometre à 32 degrés, étant mêlée à une autre livre d'eau bouillante qui le tient à 212, fera monter le Thermometre après la mixtion, à 90 : or 90 est la moitié de la différence de 32 à 212.

De quelque façon qu'on explique ce Phénomene si singulier, il est toujours certain qu'il est une nouvelle preuve de l'égalité avec laquelle le Feu se répand dans les corps.

Dans toutes les fermentations, soit chaudes, soit froides, le mouvement dure jusqu'à ce que les liqueurs ayent repris leur température ordinaire ; ce mouvement est causé par le combat de l'action du Feu sur les corps, & de la résistance que les corps lui opposent par leur cohesion, ce qui nous prouve que les fermentations froides dépendent aussi de la combinaison de ces deux forces.

VI.

Comment le Feu agit sur les Végétaux & sur les Animaux.

Le Thermometre nous apprend que les créatures qui ont reçu la vie , contiennent une plus grande quantité de Feu que les autres corps de la Nature , la plus grande chaleur de l'Eté étant , dans nos climats , de 80 , & rarement de 84 degrés , & celle d'un Homme sain de 90 ou 92 degrés , & même dans les Enfans elle va jusqu'à 94. Ainsi le principe de la vie paroît être dans le Feu , puisque les créatures animées en ont reçu une plus grande quantité que les autres , & que les Enfans , en qui le principe de la vie est encore tout entier , ont un plus grand degré de chaleur que les Hommes faits , & les Hommes faits plus que les Vieillards.

La chaleur du sang d'un Bœuf est à celle de l'eau bouillante à peu - près comme $14\frac{1}{11}$ est à 33 , c'est-à-dire , un peu moins de la moitié ; la chaleur de l'eau bouillante fait monter le Thermometre à 212 degrés dans l'air ordinaire, ainfi ces Animaux ont un plus grand degré de chaleur que nous, auffi font-ils plus vigoureux.

Le célébre Boërhaave, dans fon excellent Traité du Feu, rapporte qu'ayant mis plu-fieurs Animaux dans un lieu où l'on féche le Sucre, & dont la chaleur étoit de 146 de-grés, non-feulement ils y moururent tous en peu de tems, mais leur fang & toutes leurs humeurs fe corrompirent, de façon qu'ils ren-doient une odeur infupportable. Les Hom-mes ne peuvent foutenir la chaleur de ce lieu, & il faut que les ouvriers qui y travaillent, fe relayent prefque à chaque inftant pour aller refpirer de nouvel air. M. Boërhaave conclut de cette expérience & de quelques autres, que nous mourerions bientôt, fi l'air qui nous entoure, faifoit feulement monter le Ther-mometre à 90 degrés; ainfi nous pouvons regarder à peu près ce degré de chaleur comme le point auquel toute l'efpece anima-le périroit.

En 1709, le Thermometre fut à 0 degrés en Iflande, & l'efpece animale ne périt point; ainfi il eft vraifemblable que nous fommes plus capables de fupporter un grand froid

qu'un

Page 148.

Quel degré de chaleur fe-roit périr tous les Animaux.

qu'un grand chaud , pourvû cependant qu'il
ne ſoit pas continué.

La végétation ceſſe au point de la congélation , car quoique les Arbres & quelques
Herbes, comme l'herbe à foin , y réſiſtent ,
elles ne végétent point tant que l'air a cette
température ; ainſi ce terme peut être regardé comme celui de la végétation du côté du
froid , & s'il étoit continué , les Arbres & les
Plantes ne végétant plus , ſeroient bientôt
entierement détruits.

Quel eſt le terme ou le froid fait ceſ-ſer la végéta-tion.

Le degré de chaleur de la Cire fonduë
qui , nageant ſur de l'eau chaude , commence
à ſe coaguler , peut être regardé comme le
point extrême de la végétation du côté du
chaud ; car puiſqu'une plus grande chaleur
fondroit la Cire qui eſt une ſubſtance végé-
tale , cette chaleur diſperſeroit & ſépareroit
les matieres nutritives , au lieu de les amaſſer
& de les unir , & les Plantes ne pourroient
alors que déperir.

VII.

De l'aliment du Feu.

On ſçait aſſez que ce qu'on appelle l'aliment du Feu, *pabulum ignis* , ſont les par-

ties les plus légeres des corps, que le Feu enleve, & qui disparoissent entierement pour nous. Les opérations chimiques nous font voir que l'Huile est seule cet aliment du Feu ; on retrouve tous les autres principes, lorsqu'on rassemble les exhalaisons que le Feu tire des corps, l'Huile seule se consume, & échappe ensuite entierement à nos sens.

De grands Philosophes ont crû que cet aliment du Feu, qui disparoît entierement pour nous, n'étoit autre chose que le Feu lui-même, qui se dégageoit d'entre les pores des corps, mais si cela étoit, les matieres qui restent après des opérations réïterées, comme le *caput mortuum*, par exemple, devroient toujours être inflammables, car certainement cette tête-morte n'est pas entierement privée du Feu, cependant le Feu ne peut plus rien sur elle : Donc elle ne contient plus cette matiere sur laquelle le Feu exerçoit sa puissance : Donc cette matiere n'est pas du Feu.

Il y a des corps qui contiennent beaucoup plus de ce *pabulum*, de cette huile qui nourrit le Feu, que d'autres, & cependant tous contiennent également de Feu dans un

même air; c'eſt ce qui a été, je crois, invinciblement prouvé dans ce mémoire : Donc
l'aliment du Feu n'eſt pas du Feu.

Mais que ſera-ce donc?

Les parties les plus tenuës & les plus vo-
latiles des corps, leſquelles cédant plus facilement que les autres à l'action du Feu,
s'envolent avec lui dans l'air où elles ſe diſſi-
pent, & ne reparoiſſent plus à nos yeux, du
moins ſous la même forme; car l'huile &
l'eſprit ne ſont autre choſe que ces parties les
plus ſubtiles, mêlées encore avec quelque
flegme dont le Feu les dégage.

Mais ces exhalaiſons que le Feu tire des
corps, cette huile qu'il conſume, ne ſe changent pas en ſa ſubſtance, ne deviennent pas
du Feu.

Car, 1°. Si le Feu changeoit quelques
parties des corps en Feu, la matiere ignée
augmenteroit à tel point ſur la terre par la
puiſſance du Feu, que tout deviendroit Feu
à la fin : or la conſtitution de notre globe
demande qu'il y ait toujours à peu - près la
même quantité de Feu, ſans quoi tous les
germes ſeroient détruits :

2°. Il paroît par les plus exactes & les plus

Et qu'il ne ſe
change point
en Feu.

anciennes Tables Météorologiques, que la quantité du Feu est toujours la même :

3°. Les incendies des forêts qui brûlent pendant plusieurs mois, ne changent point, lorsqu'ils sont passés, la température des climats qui les ont souffert :

4°. La flamme de l'alcohol (la plus pure de toutes) nous est visible, & le cone lumineux qui va fondre l'Or dans le foyer du verre ardent, échappe entierement à notre vûë ; marque certaine que l'esprit qui compose l'alcohol n'est pas du Feu, & qu'il ne se change point en Feu : Donc les particules que le Feu enleve des corps, & qui disparoissent à nos yeux, ne se changent point en Feu.

Ce que c'est que la flamme & la fumée.

A l'égard des parties plus grossieres des corps, le Feu les attenuë, & les transforme en un fluide élastique, que nous voyons tantôt sous la forme de fumée, lorsqu'il ne contient pas encore assez de particules de Feu pour briller, & tantôt sous celle de flamme, lorsqu'il en contient une plus grande quantité ; ainsi la fumée ne différe de la flamme, que par le plus ou le moins de particules ignées qu'elles contiennent l'une & l'autre, elles montent toutes deux dans l'air par leur legereté spécifique, & par l'action du Feu qui les enleve & qui tend en haut, comme je l'ai déja dit.

Le Feu consume les corps plus ou moins vîte, selon leur densité ; ainsi dans un mêlange d'Esprit de Vin, d'Huile, de Camphre, de Sel ammoniac, de Terre & de Limaille de bois, l'Esprit de Vin brûle le premier, & la flamme a la même couleur que s'il étoit seul, & tous les autres corps de ce mêlange brûlent de même successivement selon leurs densités respectives.

En quelle proportion les différens corps se consument.

L'air à cause de son élasticité, & l'atmosphere à cause de son poids, sont aussi nécessaires au Feu pour entretenir son action, que la matiere même qui lui sert d'aliment ; ainsi les matieres les plus combustibles ne brûleroient point sans air, & l'air ne s'enflammeroit jamais, si les exhalaisons ne mêloient pas de cette huile alimentaire à sa substance.

Pourquoi l'air est nécessaire au Feu pour brûler.

L'atmosphere pese sur un Feu d'un pied en quarré, comme un poids de 2240 livres environ ; ce poids étant sans cesse agité, & pressant sans cesse par de nouvelles secousses, sur le corps que le Feu consume, augmente la puiſſance du Feu dans ce corps , à peu près par la même raiſon qu'un corps s'enflamme d'autant plus promptement par le frottement , que celui qui lui eſt ſucceſſivement appliqué eſt plus péſant ; car dans tous les feux que nous allumons , l'atmoſphere fait ſur le corps qui s'enflamme , le même effet qu'un corps qu'on appliqueroit ſucceſſivement ſur un autre par le frottement.

C'eſt par cette raiſon que l'eau éteint le feu , & qu'un ſoufflet l'allume ; car l'eau empêche que les eſcillations que l'air communiquoit au Feu, parviennent juſqu'à lui, & le ſoufflet au contraire rend les vibrations de l'atmoſphere plus fortes & plus fréquentes.

La force avec laquelle un ſoufflet double de Forge pouſſe l'air dans le Feu , étant égale à la 30e. partie du poids de l'atmoſphere , cette force doit faire ſortir l'air avec une grande vîteſſe , & le renouveller à chaque moment. On peut juger par-là combien un vent violent doit augmenter le Feu.

Le Feu dure tant que l'action & la réaction excitée par cette preſſion de l'atmoſphere ſubſiſte. Ainſi trois choſes peuvent faire ceſſer le Feu.

1°. La confommation du corps combuftible.

2°. La fuppreffion du poids de l'atmof-phere.

3°. La deftruction de l'élafticité de l'air.

V I I I.

Si le Feu eft la caufe de l'Elafticité.

Cette néceffité de l'air élaftique pour entretenir l'action du Feu, prouve bien clairement, ce me femble, que le Feu, loin d'être la caufe de l'élafticité de l'air, comme quelques Phénomenes pourroient d'abord le faire croire, en eft au contraire le deftructeur, car on voit toujours le Feu détruire cette proprieté dans l'air, & dans tous les corps.

Le Feu n'eft point la caufe de l'élafticité.

1°. Le Feu détend le reffort de tous les corps, puifque ce n'eft que par cet effet qu'il les rarefie : or un corps eft d'autant moins élaftique que fon reffort eft plus détendu, & il n'y a pas même d'autre moyen de faire perdre l'élafticité à l'air & à tout autre corps, que de détendre fon reffort : Donc puifque celui de l'air & d'un corps quelconque, eft

Il la détruit dans l'air & dans tous les corps.

d'autant plus détendu qu'il eſt plus échauffé, le Feu ne peut être la cauſe de l'élaſticité de l'air, ni de celle d'aucun corps.

2°. Il eſt vrai que lorſque l'air eſt comprimé, le Feu augmente ſon reſſort ; mais cette augmentation ſuit la raiſon des poids qui le compriment, & non celle du Feu qu'on lui applique : Donc ce n'eſt pas le Feu qui lui donne l'élaſticité, & il n'augmente celle de l'air comprimé, que parce que l'air réſiſte à l'effort que fait le Feu pour détendre ſon reſſort, à proportion des poids qui le compriment.

3°. L'air de la moyenne région reçoit plus de rayons, & des rayons plus directs que l'air d'ici-bas, car ces rayons n'ont point d'atmoſphere à traverſer, & cependant cet air eſt bien moins élaſtique que celui qui eſt près de la ſurface de la Terre.

4°. Une bougie que l'on met ſous un récipient avant d'en avoir pompé l'air, détruit l'élaſticité de cet air, & ne s'éteint même qu'à cauſe de ce manque d'air élaſtique ; cependant ſi le Feu cauſoit l'élaſticité, il ne pourroit la détruire, & cet air devroit être très-élaſtique.

5°. Tous les corps perdent leur élasticité par l'action du Feu, l'eau liquide, les métaux en fonte, qui font à peu près aux métaux froids, ce que l'eau liquide est à la glace, tous les corps enfin cessent d'être élastiques, dès que le Feu les a pénetrés : Donc le Feu détruit l'élasticité, loin de la produire. Ce n'est pas ici le lieu d'examiner ce que c'est que l'élasticité des corps; il me suffit d'avoir prouvé que le Feu, loin d'en être le principe, en est le destructeur, & que s'il y contribuë, c'est en s'y opposant.

I X.

Si l'Electricité dépend du Feu.

On peut croire avec plus de fondement que le Feu est la cause de l'Electricité.

Le Feu paroît être la cause de l'électricité.

L'analogie, ce fil qui nous a été donné pour nous conduire dans le labyrinthe de la Nature, rend, ce me semble, cette opinion très-vraisemblable.

1°. Tous les corps contiennent du Feu, presque tous ont la proprieté de retenir & de rendre la lumiere, & tous deviennent électriques par le frottement, si on en ex-

Preuves.

cepte les métaux & les liquides ; mais ces corps qui ne deviennent point électriques par eux-mêmes, le deviennent par communication.

2°. Il n'y a point d'élictricité sans frottement, & par conséquent sans chaleur.

3°. Presque tous les corps électriques manifestent au-dehors la cause qui les anime , par les étincelles qu'ils jettent, & dont on s'apperçoit dans les ténébres.

4°. Leur lumiere subsiste après que leur électricité est détruite, de même qu'il y a des corps qui donnent de la lumiere sans chaleur.

5°. La gelée & un tems serein , sont plus favorables qu'un grand chaud à l'électricité, comme au miroir ardent.

6°. Le Feu & la matiere électrique ont besoin de l'air pour agir.

7°. Les corps les plus susceptibles de l'électricité, sont les moins propres à la transmettre, de même que les corps réfléchissent d'autant moins de lumiere, qu'ils s'échauffent davantage.

8°. L'humidité détruit l'électricité des corps, sans détruire la lumiere électrique , ainsi que l'eau refroidit les corps , mais n'éteint point les Dails , les Vers luifants , &c.

9°. Les corps homogênes s'empreignent de l'électricité, en raifon de leur volume, de même que le Feu fe diftribuë felon les volumes , & non felon les maffes.

10°. Les corps deviennent plus électriques lorfqu'on les échauffe avant de les frotter, &c.

Il femble par tous ces effets , que l'on peut , avec quelque vraifemblance, regarder le Feu comme la caufe de l'électricité.

Je ne difconviendrai pas cependant que l'électricité nous montre d'autres Phénomenes , dont l'analogie avec ceux du Feu, n'eft pas fi aifée à découvrir , auffi ce que je viens de dire fur cette queftion ne doit-il être regardé que comme un doute que je foumets au Corps refpectable à qui j'adreffe cet Effai.

Si le Feu produit l'électricité, il y a grande apparence qu'il fe joint à fon action un atmofphere particulier qui lui fert de véhicule , & qui entoure les corps électriques ; que cet atmofphere eft la caufe de ces fubfaltations des corps légers qui font dans la fphere de fon activité, & que c'eft cet atmofphere qui décide l'espece d'électricité * des corps (peut-être est-ce lui qui opere la réfléxion de la lumiere) mais le Feu n'en paroît pas moins la cause efficiente des Phénomenes de l'électricité.

Le Philosophe ingénieux, qui s'est appliqué à suivre ces nouveaux miracles de la Nature, peut espérer de nous en faire bientôt connoître la cause, si le travail, l'application & la sagacité de l'esprit, peuvent la faire découvrir.

X.

Comment le Feu agit dans le Vuide.

L'air paroît aussi nécessaire au Feu pour brûler, qu'aux Animaux pour vivre ; cependant la Machine Pneumatique nous a fait voir que cette regle si générale, a aussi ses exceptions.

Quelques corps s'enflâment dans le vuide.

1°. Du Souffre versé dans le vuide sur un Fer chaud, donne une lumiere très-foible à la verité, & qui s'éteint très-vîte, mais enfin il s'enflamme.

* On sçait qu'il y a deux sortes d'électricités, la résineuse, & la vitrée. *Voyez sur cela les Mémoires de M. du Fey dans l'Histoire de l'Académie des Sciences.*

2°. Quelques grains de Poudre à Canon jettés fur ce Fer , s'enflamment fans explofion. M. Haukfbée affure que lorfqu'on y en jette une plus grande quantité , elle fait explofion & caffe même le récipient : Boyle rapporte avoir fait à peu près la même expérience avec le même fuccès.

3°. L'Huile de Gérofle s'enflamme dans le vuide, & c'eft la feule de toutes les Huiles qui ait cette vertu.

4°. Les Pierres & les Métaux fe vitrifient dans le vuide par la percuffion, mais ils n'y jettent point d'étincelles.

5°. Du Phofphore d'urine enfermé hermétiquement dans une boule de verre, à laquelle on donne un feu de 120 degrés , jette une flamme très-légere.

Je ne parle point des effets du Verre ardent dans le vuide , n'ayant pas eu la commodité de m'en inftruire, & de faire les expériences néceffaires.

Il eft affez difficile de concevoir comment l'air peut être fi néceffaire au Feu pour brûler , & comment en même tems il peut y avoir des corps qui brûlent dans le vuide ;

car quels feront les corps qui brûleront fans air ? Quelle fera enfin la caufe de cette diffé-rence ? Seroit-ce que les corps plus inflam-mables , plus pleins de la matiere qui eft l'a-liment du Feu, comme le Souffre & la Pou-dre à Canon , s'enflammeroient plus aifé-ment, & que le Feu pour les embrafer n'au-roit pas befoin d'être excité par les fecouffes & le poids de l'atmofphere ? La foibleffe & le peu de durée de la flamme , que ces corps donnent dans le vuide , rendent cette con-jecture affez vraifemblable.

Cependant malgré ces exceptions , les corps en général ne s'allument point dans le vuide , & ils s'y éteignent très-promptement , mais ils s'y réfroidiffent précifément dans le même efpace de tems que dans l'air ; c'eft dequoi M. de Muffchenbroek s'eft convain-cu en mettant deux Pyrometres fous deux récipiens, l'un plein d'air , & l'autre entiere-ment vuide.

Ce réfroidiffement des corps dans le vui-de , eft une des plus fortes preuves de l'équi-libre du Feu ; car ils ne fe réfroidiffent pas dans le vuide , parce que l'air prend à tout moment de leur chaleur : Donc ils fe réfroidiffent alors par la feule tendance du Feu à l'équilibre ; ainfi le contact des corps froids accelere le réfroidiffement des corps échauf- fés , mais il ne le caufe pas.

L'eau bout d'autant plus promptement dans le récipient , que l'on en a tiré plus d'air , & les urines de différens Animaux, de même que plufieurs mélanges, y bouil- lent plus ou moins vîte , felon que le vuide eft plus ou moins parfait.

Enfin la plûpart des effervefcences , tant chaudes que froides , s'operent dans le vuide comme dans l'air ; il y a même des liqueurs dont le mêlange ne fait point d'effervefcence dans l'air , & qui fermentent fous le récipient ; mais les bornes de ce mémoire ne me per- mettent pas d'entrer dans ces détails.

X I.

En quelle raifon le Feu agit.

La Géometrie démontre qu'un corps qui eft à deux pieds d'un Feu quelconque , en reçoit quatre fois moins de rayons que celui qui n'en eft qu'à un pied ; & on conclut de cette démonftration , que la lumiere & la chaleur croiſſent en raiſon inverſe du quarré de la diſtance, au corps lumineux.

Cette concluſion feroit très - juſte, ſi la chaleur & la lumiere étoient aſſervies aux mêmes loix.

La lumiere n'étant que le Feu tranſmis en ligne droite juſqu'à nos yeux, ce Feu ne peut nous éclairer que par la quantité des rayons qu'il nous envoye.

Mais il paroît qu'il n'en eſt pas de même de la chaleur. Le Feu, par ſa chaleur, fait pluſieurs effets ſur les corps, qui ne paroiſſent pas pouvoir être attribués à la quantité ſeule de ſes parties, raſſemblées dans un plus petit eſpace.

1°. L'effet le plus prompt & le plus vio-lent que le Feu puiſſe faire, ſe produit par l'attrition de deux corps durs, le fer, & la pierre : or on ne peut attribuer, ce me ſem-ble, la vitrification preſque inſtantanée de ces corps, à la ſeule quantité des parties du Feu.

Cette expérience prouve encore que tout le Feu ne vient pas du Soleil, car elle réuſſit auſſi-bien à l'ombre qu'au Soleil, & la nuit que le jour.

2°.

2°. Le Pyrometre nous apprend qu'un Feu double n'opere pas un effet double, ni un Feu triple un effet triple dans la dilatation des corps : Donc le Feu n'agit pas toujours en raiſon de ſa quantité.

3°. Les Phoſphores brûlans produiſent des effets qui ne peuvent être attribués à la ſeule quantité du Feu qu'ils contiennent.

4°. La chaleur du cone lumineux qui va fondre l'Or & les Pierres dans le foyer du miroir ardent, eſt à 5 pouces de ce foyer, très-ſupportable à la main, & le Thermometre dans cet endroit, ne monte qu'à 190 degrés : or comment ſe peut-il que par la ſeule denſité des rayons, le Feu faſſe des effets ſi différens à 5 pouces de diſtance ſeulement ?

5°. Ce Phénomene nous apprend encore que la réſiſtance que les corps ſolides apportent à l'action du Feu, eſt une des cauſes qui augmentent le plus ſon activité, c'eſt ce qui fait qu'il regne un grand froid au-deſſus de l'atmoſphere.

6°. Si ces effets ſi prompts & ſi violens du miroir ardent, devoient être attribués à la ſeule quantité des rayons qu'il raſſemble à ſon foyer, il ſeroit impoſſible que la cha-

G

Preuves

leur du Soleil fût fi moderée, & qu'en Hiver même où il nous donne une chaleur fi médiocre, le miroir ardent fît cependant fes plus grands effets ; c'eſt ce que M. Lémery a très-bien remarqué : cet habile homme attribuë cette différence à l'air qui eſt entre le Soleil & nous , & qui modere la chaleur des rayons du Soleil , comme le bain-marie tempere la chaleur de notre Feu ; mais ne pourroit-on pas lui répondre que l'air eſt également entre le miroir ardent & fon foyer , comme entre le Soleil & nous ? & que par conféquent il devroit tempérer les effets des rayons raſſemblés par ce miroir , comme il tempere ceux des rayons que le Soleil nous envoye , le miroir & nos yeux les recevant du Soleil également affoiblis.

Le peu d'impreſſion que les rayons qui entrent dans nos yeux , font fur cet organe , eſt encore une preuve que le Feu n'agit pas par la feule quantité.

Il paroît donc qu'il faut chercher une autre caufe des effets des verres brûlans , puifqu'ils ne peuvent être attribués à la feule quantité des rayons qu'ils raſſemblent à leur foyer.

Puisque ce n'eſt pas ſeulement par leur denſité que les rayons operent tous les effets des verres brûlans, ce ne peut être que parce qu'ils acquerent une nouvelle force par leur approximation.

Le Feu ne ſeroit pas ſeul dans la Nature dont l'approximation déployeroit la force : l'Aimant n'eſt-il pas dans ce cas, & la diſtance ne détermine-t-elle pas ſa vertu à agir ?

J'ai prouvé dans ma premiere partie, article VII. que les particules du Feu, ont une force qui les porte à ſe répandre également de tous côtés, & que cette proprieté du Feu paroît néceſſaire à la conſtitution & à la conſervation de l'Univers : or pourquoi cette force n'augmenteroit-t-elle pas en raiſon de l'approchement réciproque des rayons.

Il eſt difficile, à la verité, d'aſſigner en quelle proportion l'approchement des raïons augmente cette force.

Ce problême (s'il eſt poſſible) me paroît digne de l'attention des Philoſophes ; mais quelle que ſoit la proportion de cette augmentation de force que les rayons acquerent par l'approximation, il eſt de l'uniformité avec laquelle la Nature procede, qu'elle ſoit

d'autant plus grande qu'ils font plus rapprochés, & c'eft vraifemblablement à cette force
qu'on doit attribuer les prodigieux effets des
verres brûlans.

L'effort que les parties du Feu font fans
ceffe pour s'éviter, & pour fe répandre également de tous côtés, fe voit à l'œil lorfqu'on
approche deux bougies l'une de l'autre, &
qu'on veut unir leurs flammes ; car on les voit
vifiblement s'écarter & fe fuir avec d'autant
plus de force qu'on les approche davantage.

Il y a bien de l'apparence que le Feu agit
toujours fur les corps dans une raifon compofée de ces deux raifons, fçavoir, la den-
fité de fes parties, & la force qu'elles acquerent dans leur approximation.

La premiere de ces raifons, c'eft-à-dire ;
la quantité des parties du Feu, tombe prefque fous nos fens, au lieu qu'il a fallu d'auffi
grandes différences que celles des effets des
verres brûlans, pour nous faire appercevoir
que quelqu'autre caufe que la quantité des
rayons qu'ils raffemblent contribuoit à les
produire.

Les effervefcences nous démontrent que
la plûpart des particules de la matiere, font

l'une pour l'autre comme de petits Aimans,
& qu'elles ont un côté attirant & un côté re-
pouffant. La tendance que les particules des
corps ont à refter enfemble par leur cohéfion , & l'effort que le Feu retenu dans leurs
pores , fait fans ceffe pour les féparer , font
fans doute la caufe de ces Phénomenes , &
c'eft le combat de ces deux pouvoirs anta-
goniftes qui caufe les effervefcences, & peut-
être la plûpart des miracles de la Chimie.

Les fermentations qui fe font dans l'air ,
& qui caufent les Tonnerres, les Vents , &c.
nous prouvent encore que les corps fe re-
pouffent & s'attirent, & que ce combat augmente dans l'approchement.

Cette nouvelle force que les particules de
Feu acquerent dans l'approchement , ne
peut être qu'une augmentation de mouvement , & c'eft par ce mouvement augmenté , qu'ils détruifent avec tant de facilité les
corps les plus folides dans le foyer du Miroir ardent.

Je ne veux point diffimuler les Phénomenes qui paroiffent contraires à l'opinion que
je propofe : les difficultés affermiffent la verité , ce font autant de fanaux mis fur la rou-

Objections
contre cette
opinion , &
réponses.

G 3

te, pour nous empêcher de nous égarer.

Je vais examiner quelques-unes de celles que j'imagine qu'on peut faire contre cette proprieté des rayons.

1°. Toute action est d'autant plus forte, qu'elle est plus perpendiculaire ; & cette action mutuelle des rayons l'un fur l'autre, ne pourroit être que latérale.

Il me femble que cette objection , qui paroît d'abord fpécieufe, eft aifée à détruire ; car , quel eft l'effet du Feu fur les corps , au foyer du verre ardent ? n'eft-ce pas de les fondre , de les vitrifier , de les diffiper , de les féparer enfin jufques dans leurs parties élémentaires ? Or une force qui n'agiroit que dans une feule direction, ne pourroit jamais produire ces effets ; il faut donc que le Feu agiffe fur les particules de ces corps , felon toutes fortes de directions, pour les féparer à ce point : Donc cette action latérale , loin de diminuer la force des rayons, eft précifément ce en quoi elle confifte.

2°. Les rayons de la Lune , quoique très-rapprochés dans le foyer d'un verre ardent, ne paroiffent point augmenter leur force, car ils ne font aucun effet fur les corps qu'on leur expofe : Donc, peut-on objecter, les rayons n'ont pas cette force que vous leur fuppofez dans leur approchement, puifque des rayons très-rapprochés en font privés.

Mais fi on concluoit de ce raifonnement que les rayons n'acquerent pas dans leur approchement la force que je leur fuppofe, il faudroit en conclure auffi qu'ils n'ont pas la vertu de brûler, parce que les rayons de la Lune font privés de cette proprieté.

3°. On peut dire encore que deux mêches dilatent moins une lamine de métal dans le Pyrometre, font moins d'effet fur elle qu'une mêche, trois en font moins que deux, & ainfi de fuite ; or cependant les rayons font plus rapprochés quand il y a deux mêches, que quand il n'y en a qu'une ; l'effet du Feu devroit donc être plus grand alors, mais il eft plus petit : Donc cette expérience que j'ai citée ci-deffus pour prouver mon opinion, lui paroîtroit contraire. Je répons à cette objection.

Premierement, que cette force que les rayons acquerent dans l'approchement, n'eft pas affez augmentée dans l'expérience dont il s'agit ; ainfi dans ce cas l'effet n'eft pas proportionné feulement à l'approximation des parties du Feu, mais il dépend de cette approximation, & de la réfiftance qu'on lui oppofe.

Secondement, lorfque ces deux mêches font éloignées, la dilatation eft moindre que lorfqu'elles font rapprochées. Ainfi la force que le Feu acquert par l'approximation de fes parties, fe manifefte même alors dans un effet prefqu'infenfible.

Cette augmentation de la force du Feu, par l'approximation de fes parties eft peut-être une des voyes dont le Créateur s'eft fervi pour fuppléer à l'éloignement où Saturne & les Cometes font du Soleil. Peut-être les rayons agiffent-ils dans ces Globes, en raifon du cube des approchemens, & alors une très-petite quantité de rayons peut fuffire pour les échauffer & pour les éclairer.

XII.

Du Refroidiffement des corps.

1°. Plus un corps reçoit difficilement le Feu dans fes pores, & plus il l'y conferve long-tems, car ce corps réfifte par fa maffe &

par la cohérence de ses parties, à l'effort que fait le Feu pour l'abandonner ; ainsi plus un corps est solide, plus il se refroidit lentement.

2°. Les corps légers au contraire cédant aisément à l'action du Feu, s'échauffent plus promptement, & se refroidissent de même; ainsi le Feu échauffe davantage les plus grands, & plus long-tems les plus massifs, car il se distribuë selon les espaces & non selon les masses.

3°. Deux globes de Fer également échauffés, conservent leur chaleur en raison directe de leur diametre ; car plus leur diametre est grand, moins ils ont de surface par rapport à leur masse, & moins le Feu trouve d'issuë pour s'échapper de leurs pores; & de plus, l'air extérieur qui les environne les touchant en moins de points, prend moins de leur chaleur.

Par la même raison, la figure sphérique est la plus propre à conserver long-tems la chaleur, car c'est de toutes les figures celle qui a le moins de surface, par rapport à sa masse, & le Feu ne trouve dans un globe aucun endroit qu'il puisse abandonner plus aisément qu'un autre, car ils lui opposent tous une résistance égale.

Conjecture sur la forme du Soleil.

Cette raison pourroit faire croire que le Soleil & les Etoiles fixes, font des corps parfaitement fphériques (en faifant abftraction de l'effet de leur force centrifuge.)

4°. Les corps qui prennent le plus de la chaleur des autres corps, font réputés les plus froids; c'eft pourquoi le Marbre nous paroît plus froid que la Soye, car les corps les plus denfes, font ceux qui prennent le plus de notre chaleur, parce qu'ils nous touchent en plus de points, & le Marbre étant fpécifiquement plus denfe que la Soye, doit nous paroître plus froid.

En quelle raifon les corps communiquent leur chaleur.

5°. Un cube de Fer chaud étant mis entre deux cubes froids, l'un de Marbre, & l'autre de Bois, ce Fer fe refroidira plus par le contact du Marbre, mais il échauffera davantage le Bois dans un même tems, car le Marbre s'échauffe plus difficilement que le Bois, à peu près en raifon de la péfanteur fpécifique de ces deux corps.

Mais fi on laiffe ces trois cubes affez longtems dans un même lieu, la chaleur du cube de fer fe diftribuera aux deux autres, & à l'air qui les entoure; de façon qu'au bout de quelque tems, ils feront tous trois de la même température que l'air dans lequel ils font.

6°. Les différentes liqueurs fe refroidiffent dans un tems proportionnel à peu près , à leur maffe , & à la glutinité de leurs parties.

Du refroidiffement des fluides.

7°. La chaleur des corps qui fe refroidiffent , eft plus forte au centre , car le Feu abandonne toujours la fuperficie la premiere.

8°. L'eau qui éteint le Feu , conferve le Phofphore d'urine , car ce Phofphore , tant qu'il ne brûle pas, eft comme un Feu éteint, ainfi l'eau l'éteint en un fens en le confervant ; c'eft une efpece de créature qu'on lui confie, & qu'elle rend dès qu'on la lui redemande.

Toutes ces regles, felon lefquelles le Feu abandonne les corps, font fujettes à des exceptions, de même que celles felon lefquelles il les pénetre, mais le détail en feroit infini.

Le Pyrometre qui nous a appris la marche de la dilatation des corps, nous marque auffi celle de leur contraction : en général , les corps fe contractent d'autant plus lentement qu'ils fe font moins dilatés par un même Feu, *& vice verfâ* , le Feu abandonne les corps plus lentement qu'il ne les pénetre, &c.

Mais les bornes que je me suis prescrites, ne me permettent pas d'entrer dans le détail de ces expériences.

X I I I.

Des causes de la Congélation de l'Eau.

Il y a trois sortes de froids.

Le premier est celui qui dépend de la disposition de nos organes, car nos sens nous font souvent juger qu'un corps est plus froid qu'un autre, quoiqu'ils soient tous deux de la même température ; c'est par cette illusion que le Marbre nous paroît plus froid que la Laine, que le Peuple croit les Caves plus chaudes en Hiver qu'en Eté, &c.

Le second est celui des corps qui se refroidissent réellement, & que le Feu abandonne ; cette sorte de froid n'est autre chose que la diminution du Feu, & c'est d'elle dont j'ai parlé dans l'article précedent. C'est ainsi que toute la Nature se refroidit & se contracte l'Hiver, par l'absence du Soleil, & par l'obliquité de ses rayons.

Le troisiéme est la congélation.

Il semble par toutes les circonstances qui accompagnent cette troisiéme espece de froid, qu'il ne peut être attribué à la seule absence du Feu ; & qu'il faut en chercher une autre cause dans la Nature.

1°. Le Feu raréfie tous les corps qu'il pénetre, & augmente par conséquent leur volume : Donc si la glace n'étoit causée que par l'absence du Feu, elle seroit de l'eau contractée, & elle devroit être spécifiquement plus pésante que l'eau ; mais il arrive tout le contraire, l'eau augmente son volume par la congélation, environ dans la proportion de 8 à 9, & elle l'augmente d'autant plus que le froid est plus grand, & qu'elle devroit être plus contractée : Donc la glace n'est pas causée par l'absence du Feu seulement.

2°. Cette augmentation de volume de l'eau glacée, ne peut être attribuée aux bulles que l'air qui s'échappe de ses pores, éleve dans sa substance ; car de l'eau purgée d'air, avec tout le soin possible, se gele sans faire paroître aucune de ces bulles, & cependant son volume augmente.

3°. Le Feu étant le principe du mouve-

ment interne des corps, moins un corps con•
tient de Feu, plus ſes parties doivent être
en repos ; ainſi ſi la glace n'étoit cauſée que
par l'abſence du Feu, elle devroit être privée
de tout mouvement ſenſible, mais cependant
il ſe fait une fermentation très-violente dans
ſa ſubſtance, cette fermentation va même juſqu'à lui faire rompre les vaſes qui la contiennent, quelque ſolides qu'ils ſoient ; on
ſçait qu'elle fit peter un canon de Fuſil que
M. Huguens expoſa ſur ſa fenêtre pendant
l'Hiver, après l'avoir rempli d'eau : Donc
l'abſence du Feu n'eſt pas la ſeule cauſe de
la congélation.

4°. Ce mouvement dans lequel les parties
de la glace ſe trouvent continuellement, ſe
prouve encore par les exhalaiſons qu'elle
rend, elles ſont ſi conſidérables, que ſon
poids en diminuë ſenſiblement. M. Hals a
obſervé que ſi une ſurface d'eau s'évapore
de $\frac{1}{21}^{e}$. de pouce en 9 heures, à l'ombre,
pendant l'Hiver, la même ſurface de glace,
miſe dans le même endroit, s'évapore pen-
dant le même tems, de $\frac{1}{31}^{e}$; c'eſt cette tranſ-
piration qui fait que la neige qui eſt ſur la
terre, diminuë, même par le plus grand froid.

Enfin, dans les Etangs pendant la gelée on entend le bruit caufé par cette effervefcence, ainfi la ceffation du mouvement n'eft pas plus la caufe de la congélation, que le mouvement n'eft la caufe du Feu.

5°. Si la glace n'étoit que la privation du Feu, il devroit toujours dégeler dès que le Thermometre monte à 33 degrés au-deffus de la congélation; mais le Thermometre monte fouvent jufqu'à 36 & même jufqu'à 41, fans qu'il dégele; & au contraire, il dégele quelquefois lorfque le Thermometre eft au-deffous de 32 degrés: Donc l'abfence du Feu n'eft pas la feule caufe de la congélation.

6°. Si le Feu en fe retirant des pores de l'eau, étoit la feule caufe de la congélation, on ne pourroit attribuer cet effet qu'à l'abfence du Soleil, qui fait feul la différence du plus ou du moins de Feu répandu dans l'Atmofphere, pendant l'Hiver & l'Eté.

Or M. Amontons, qui nous a fi fort éclairés fur toutes ces matieres, a trouvé par fes obfervations fur le Thermometre, que le froid de l'Hiver ne différe du chaud de l'Eté, que comme 7 differe de 8 : or comment une fi petite différence dans la chaleur pourroit-elle fuffire pour changer les fluides en folides, & pour faire périr quelquefois une partie des germes de la Nature ?

Si la congélation ne peut être attribuée à la feule abfence du Feu, il faut donc en chercher quelque autre caufe dans la Nature; les circonftances qui l'accompagnent, font ce qui peut nous fervir le plus à découvrir cette caufe, ainfi il faut les examiner avec foin.

Il fe mêle des parties hétérogenes à l'eau, lefquelles font la caufe de fa congélation.

Nous voyons que les parties de la glace font dans un grand mouvement, il faut donc qu'il fe mêle à l'eau, lorfqu'elle fe gele, des parties hétérogênes, qui foient caufe de cette effervefcence continuelle ; car aucun fluide ne fait effervefcence, s'il ne fe joint à lui quelque corps hétérogêne avec lequel il fermente.

L'exiftence de ces parties qui fe mêlent à l'eau, & qui produifent fa congélation, paroît prouvée par une foule d'expériences.

1°. L'eau de la glace fonduë s'échauffe bien plus difficilement que l'autre ; elle n'eft plus propre à faire ni Caffé ni Thé, & ceux qui ont le palais délicat, la diftinguent facilement

lement au goût : il faut donc qu'il se soit mêlé des parties hétérogênes à cette eau, puisque sa saveur & sa qualité sont changées. Ces parties hétérogênes donnent des goitres & des maux de gorge continuels aux habitans des Alpes qui boivent de l'eau de neige.

2°. L'eau exposée à l'air se gele beaucoup plus vîte que l'eau enfermée hermétiquement dans une bouteille de verre, & cependant ces deux eaux contiennent également de particules de Feu ; & les particules de Feu passent à travers le verre avec facilité : Donc si l'absence du Feu faisoit la congélation, il ne devroit pas y avoir une si grande différence dans la vîtesse de la congélation de ces deux eaux : Donc puisqu'elle s'opere si inégalement, c'est une marque certaine que des particules hétérogênes se mêlent à l'eau dans le tems de la congélation, & que ces particules passent plus facilement dans cette eau, lorsqu'elle est en plein air, que lorsqu'elle est enfermée dans une bouteille.

3°. L'épaisseur de la glace n'augmente pas à proportion du froid qu'il fait, plus la glace est épaisse le premier jour de la gelée, moins son épaisseur augmente le second, & ainsi

H

de fuite ; marque certaine qu'il s'eft introduit dans fa fubftance, des particules hétérogênes qui ont bouché fes pores & fes interftices, & en ont rendu par - là, l'accès
plus difficile à celles qui veulent y pénétrer;
mais les particules de Feu qui pénétrent les
pores d'un Diamant, devroient fortir de cette
eau glacée avec la même facilité, quelle que
foit fon épaiffeur : il faut donc qu'il fe fiche
dans les particules de l'eau qui fe gele, des
particules roides qui rempliffent fes pores,
& qui font caufe de fa congélation.

Expérience
finguliere fai-
te par l'Aca-
démie de Flo-
rence , qui
prouve cette
opinion.

4°. Il eft rapporté dans les expériences
de l'Académie de Florence, que 500 livres
de glace ayant été expofées à un Miroir concave, les parties *frigérifiques* firent baiffer
fenfiblement un Thermometre qu'on avoit
placé à fon foyer, les Philofophes qui firent
cette expérience craignant que ce ne fût
l'effet direct de cette maffe de glace fur le
Thermometre, qui l'eût fait baiffer, couvri-
rent le Miroir , & alors le Thermometre
hauffa , quoique les 500 livres de glace
n'euffent pas changé de place : Donc ce Miroir réfléchiffoit réellement des rayons gla-
cés : Donc il falloit qu'il y eût dans cette

glace des particules *frigérifiques* ; car si la seule privation du Feu faisoit la congélation, le Miroir n'auroit pû rassembler, réfléchir le froid ; une privation ne pouvant être ni réfléchie, ni rapprochée.

Mais quelles sont ces particules *frigérifiques* ? c'est ce qui nous reste à examiner.

Les Hommes ont inventé un art qui peut servir également à leur instruction & à leurs plaisirs ; la façon dont on fait ce qu'on appelle *des eaux glacées*, peut nous servir d'indice pour découvrir la maniere dont les congélations naturelles s'operent.

Tout le monde sçait que de l'eau contenuë dans un vase que l'on entoure de sel & de neige, se glace, quelque chaud que soit l'Atmosphere, dès que le Sel commence à fondre la neige ; mais si au lieu de sel on met de l'Esprit de Nitre avec la Neige, le froid qui se produit alors, fait baisser le Thermometre à 72 degrés au-dessous de la congélation : c'est Faheinrheit qui fit le premier cette expérience, & elle nous prouve invinciblement qu'il y a encore beaucoup de Feu dans la glace naturelle, puisqu'on peut produire une sorte de froid, qui surpasse de 72 degrés ce lui qui fait geler l'eau fur la terre. Et qui ofera mettre des bornes à cette puiffance d'exciter le froid ! Ainfi cette expérience nous fait voir que nous ne connoiffons pas plus les bornes de la congélation, que celles de la chaleur.

Ces particules font les Sels & les Nitres dont l'air eft chargé.

Il y a grande apparence que les congélations naturelles s'operent de la même maniere que nos congélations artificielles, & que les particules de Sel & de Nitre, que le Soleil éleve dans l'air, & qui retombent enfuite fur la terre, s'infinuent dans l'eau, bouchent fes pores, & fe fichant comme autant de cloux entre fes interftices, en chaffent les particules de Feu, & font enfin que cette eau paffe de l'état de fluide, à celui de folide : ainfi l'abfence du Feu eft une des caufes de la congélation, mais elle n'en eft pas la feule caufe, car quoiqu'il foit vrai que dans toute congélation les particules de Feu s'envolent d'entre les pores de l'eau, cependant fans les particules roides qui s'y infinuent, l'abfence feule du Feu ne fuffiroit pas pour la réduire en glace : c'eft ce qui paroît encore dans les liqueurs fpiritueufes, comme l'Eau forte, l'Efprit de Vin, &c. qui ne gelent point, quoique, dans le froid, il se retire beaucoup de particules de Feu de leur pores.

Ces liqueurs qui ne gelent jamais dans nos climats reçoivent à la verité des parties *frigérifiques* comme celles qui se gelent, mais vraisemblablement ces particules *frigérifiques* ne fermentent point avec ces liqueurs comme elles font avec l'eau ; ce qui fait qu'elles ne se gelent point, & que l'eau gele.

Plus on examine les congélations, plus on se persuade que les particules de Sel & de Nitre qui s'introduisent dans l'eau, en font la cause.

1°. Les lieux qui abondent en glace & en neige, font tous remplis de Sel & de Nitre ; ainsi il y a des pays où il gele la nuit du jour le plus chaud : telle est la partie septentrionale de la Perse & de l'Armenie. M. de Tournefort, que l'amour des Sciences entraîna jusques dans ces pays, a remarqué qu'ils abondent en Nitre & en Sel ; le Soleil qui y est très-chaud, éleve le jour, par sa chaleur, ces particules nitreuses, & elles retombent la nuit sur la terre où elles s'insinuent dans l'eau, & la gelent malgré les particules de Feu qui ont pénétré dans cette eau pendant le jour , par la préfence du Soleil.

2°. Lorfqu'un pays abonde en ces fortes de particules nitreufes & falines , la chaleur du Soleil doit les élever de la terre pendant l'Eté , plus que pendant l'Hiver , car elle eft beaucoup plus forte ; ainfi il doit geler l'Eté dans ces pays , & c'eft ce qui arrive en plufieurs endroits de l'Italie , de la Suiffe & de l'Allemagne où il y a des Lacs , & même un Fleuve dans l'Evêché de Bâle , qui , au rapport de Scheuchierus , ne gele que dans l'Eté.

On connoît la fçavante Defcription que M. de Boze a faite des Grottes de Befançon , & l'on fçait que ces Grottes dans le plus fort de l'Eté , font pleines de glace , & que plus il fait chaud , plus cette glace eft épaiffe ; il fort de ces Grottes pendant l'Hiver , une efpece de fumée , laquelle annonce la liquéfaction de cette glace , & un ruiffeau qui eft dans le milieu de la Grotte , gele l'Eté , & coule l'Hiver. M. de Billerez a examiné la terre qui couvre & entoure ces Grottes , & il l'a trouvée pleine de Nitre ,

& de Sel ammoniac ; le Soleil fond ces Sels
bien plus facilement l'Eté que l'Hiver, ces
Sels coulent dans ces Grottes par des fen-
tes, & l'eau qu'elles contiennent, se glace
d'autant plus, que l'Eté étant plus chaud,
le Soleil fait fondre une plus grande quantité de ces Sels : or que la glace de ces Grottes en contienne beaucoup, cela est certain,
car lorsqu'on la fait fondre & évaporer, il
reste dans le fond, une terre qui a le même
goût à peu-près que les Yeux d'Ecrevis-
ses.

3°. Si l'on met de la Neige & du Sel autour d'un vase plein d'eau, & que l'on mette
le tout sur le Feu, l'eau qui est dans le vase
se gelera d'autant plus vîte que le Feu sera
plus grand, & que la Neige sera plutôt fonduë, ce qui ne peut venir que de ce que le
Feu chasse d'entre les pores de la Neige,
les parties roides qu'elle contenoit, & que
ces particules s'insinuent dans l'eau & la gelent ; car on ne dira pas, je crois, que le
Feu prive l'eau du vase, des particules de
Feu qu'elle contenoit, ni qu'il diminuë leur
mouvement ; c'est de la même maniere que
la Neige & le Sel font geler l'eau sans être

deſſus le Feu, car le Feu ne fait qu'accélérer ſa congélation.

Il n'y a point de pays dont la terre ne contienne de ces particules ſalines & nitreuſes, que j'appelle *parties frigérifiques*, mais les régions qui en contiennent le moins, font, toutes choſes d'ailleurs égales, beaucoup moins froides que les autres.

Je dis, *toutes choſes d'ailleurs égales*, car il y a des vents qui apportent ces ſortes de particules avec eux, c'eſt ce dont on ne peut douter, ſi on fait attention aux effets qu'ils produiſent.

De certains vents apportent avec eux le Sel & le Nitre, qui cauſent la glace.

1°. Au mois de Juin, dans le milieu de l'Eté, & par un tems très-ſerein, l'irruption inopinée d'un vent d'Eſt vient geler la pointe des herbes, les vignes, les foſſes qui contiennent une eau dormante, & changer entierement la température de l'air : or ſi ce vent n'apportoit avec lui ces particules nitreuſes qui font la congélation, il ne pourroit réfroidir à ce point les herbes & l'eau échauffées depuis long-tems par le Soleil.

Or pourquoi le vent d'Eſt, qui vient d'un pays très-chaud, fait-il plutôt cet effet que le vent du Nord, qui vient du Pole, ſi ce

n'eſt parce qu'il apporte avec lui ces particules de Sel & de Nitre, dont le Soleil éleve
une plus grande quantité dans ces contrées
chaudes, que ſous le Pole ? Donc ce n'eſt pas
ſeulement parce que le vent s'applique ſucceſſivement aux corps qu'il les réfroidit.

2°. Il gele quelquefois aux deux côtés,
& non au milieu, dans un endroit, & non
dans un autre qui lui eſt contigu ; ces effets ne
peuvent être aſſurément attribués à l'abſence
du Feu, car ces deux endroits en contiennent également ; mais on voit avec évidence qu'un vent d'Eſt qui ſouffle dans un endroit, & non pas dans un autre dont quelque Montagne lui défend l'entrée, doit répandre dans cet endroit où il ſouffle, les particules nitreuſes dont il eſt chargé, ce qui
cauſe la congélation.

3°. Une preuve que le vent par lui-même
ne réfroidit point l'air, & qu'il faut que ceux
qui cauſent le froid, apportent avec eux
des particules *frigérifiques* ou de la glace,
c'eſt qu'en ſoufflant avec un ſoufflet ſur un
Thermometre, on ne le fait jamais baiſſer.

4°. Il gele rarement l'Eté, dans les climats qui n'abondent pas dans ces parties *fri-*

gérifiques, parce que les particules de Sel &
& de Nitre étant plus divisées, plus petites,
par l'agitation que la chaleur du Soleil cause
dans toute la Nature, elles se soutiennent
dans l'Atmosphere lorsque le Soleil les éleve
de la terre, & ne retombent point sur la terre
comme en Hiver ; & de plus, les parties de
l'eau étant dans un grand mouvement, le
peu qui retombe de ces particules sur la
terre, ne peut suffire pour la geler.

L'air ne gele point, apparemment à cause
de la rareté de ses parties, & de leur prodigieux ressort. Il me semble qu'on peut con-
sidérer l'air extrêmement comprimé, comme
une espece d'air gelé, & apparemment qu'il
n'est pas susceptible par sa nature, d'une autre sorte de congélation.

Ces particules salines & nitreuses, qui
s'introduisent dans l'eau, & qui devroient
la rendre plus pésante lorsqu'elle est gelée,
n'empêche pas cependant que sa pésanteur
spécifique ne diminuë, l'augmentation de
son volume & les exhalaisons qui en sortent,
empêchant qu'on ne s'apperçoive du poids
de ces corpuscules, qui sont d'ailleurs très-
déliés, & il se peut très-bien faire que leur

poids foit infenfible à la groffiereté de nos balances, de même que celui des corpufcules du Mufc, de l'Ambre, & de toutes les odeurs.

Je ne crois pas, après toutes ces raifons, qu'on puiffe s'empêcher de reconnoître que ces particules (dont tous les Phénomenes de la Nature, & toutes nos opérations fur la glace, nous démontrent l'exiftence) font abfolument néceffaires à la congélation de l'eau, & que fans elles on n'en pouvoit affigner aucune caufe.

X I V.

De la Nature du Soleil.

On n'a communément qu'une idée vague de la nature du Soleil, on voit que fes rayons nous échauffent, & qu'ils brillent; & on en conclut que le Soleil doit être un globe de Feu immenfe, qui nous envoye fans ceffe la matiere lumineufe dont il eft compofé

Mais qu'entend-on par un globe de Feu? Si l'on entend un globe entier de particules ignées, de feu élémentaire, j'ofe dire que cette idée eft infoutenable.

En voici les raisons.

1°. Le Feu qui fond l'Or & les Pierres au foyer d'un Verre ardent, disparoît en un instant, si on couvre ce Miroir d'un voile ; & il ne reste aucun vestige de ce Feu, qui un moment auparavant faisoit des effets si puissans : Donc si le Soleil étoit un globe de feu, s'il n'étoit pas un corps solide, un seul instant d'émanation suffiroit pour le détruire, & il auroit été dissipé dès le premier moment qu'il a commencé d'exister.

2°. La chaleur & la lumiere ne disparoissent ainsi au foyer du Verre ardent, que par la proprieté que le Feu a de se répandre également de tous côtés, lorsqu'aucun obstacle ne s'oppose à sa propagation *quaquaversum*. Donc si lé Soleil étoit un globe de feu, le Feu ne pourroit avoir cette tendance *quaquaversum* sans que le Soleil fut détruit en un instant : Donc puisqu'il est certain par les expériences, que cette proprieté est séparable du Feu, le Soleil ne peut être composé seulement de particules ignées.

3°. On ne peut dire que le Soleil ne se dissipe pas par l'émanation, parce que l'Atmosphere qui l'entoure, repousse sans cesse vers lui les particules lumineuses qui émanent de sa substance ; car si cet Atmosphere les repoussoit vers lui, elles ne viendroient pas à nous : Donc en supposant l'émission de la lumiere cet Atmosphere ne pourroit empêcher que le Soleil & les Etoiles fixes, ne se dissipassent par l'émanation s'ils n'étoient des corps solides.

Quelques Philosophes pour trancher apparemment toutes ces difficultés, avoient imaginé que les rayons que le Soleil nous envoye, retournoient ensuite à cet Astre.

5°. Le Soleil est au centre de notre système planétaire, tous les Philosophes en conviennent : cependant s'il est un globe de Feu, il paroît qu'il ne peut occuper cette place ; car, ou bien le Feu est pesant & déterminé vers un centre, ou bien il ne pese pas, & ne tend vers aucun point, plûtôt que vers un autre : Or dans le premier cas, tous les corpuscules de Feu qui composent le corps du Soleil, tendroient vers le centre de cet Astre, & alors la propagation de la lumiere seroit impossible ; car comment le Soleil par sa rotation sur son axe, pourroit-il faire acquerir aux particules de Feu

Si le Soleil étoit un globe de Feu, il ne pourroit être au centre du monde.

qui le composent, une force centrifuge assez grande pour les obliger à fuir avec tant de force, le centre de gravité auquel elles tendent, & pour leur faire parcourir par cette seule force centrifuge, 33 millions de lieuës en 7 ou 8 minutes?

Si au contraire, le Feu n'est pas pesant, s'il n'est déterminé vers aucun point, quel pouvoir le retiendra au centre de l'Univers, & s'opposera à l'effort de la force centrifuge que les particules de Feu qui le composent doivent acquerir par la rotation du Soleil, qui l'empêchera enfin de se dissiper? Il faut donc que le Soleil soit un corps solide, puisqu'il ne se dissipe pas, & qu'il est au centre de notre monde : & il faut que le Feu ne soit pas pesant, puisqu'il émane du Soleil.

Qu'il me soit permis de supposer un moment, l'attraction Newtonienne ; le Soleil dans ce système, est au centre de notre monde planétaire, & cette place lui est assignée par les loix de la gravitation , parce qu'ayant plus de masse que les autres globes, il les force à tourner autour de lui : or si le Feu ne pese point (comme je crois l'avoir prouvé) comment le Soleil peut-il être un corps de Feu, c'eſt-à-dire, un corps non peſant, & attirer cependant tous les corps céleſtes vers lui, en raiſon de ſa plus grande maſſe? Il eſt donc néceſſaire dans le ſyſtême de l'attraction, ou que le Soleil ſoit un corps ſolide; ou que le Feu peſe, & qu'il tende vers un centre; mais ſi le Feu du Soleil tend vers ſon centre, par quelle puiſſance s'éloignera-t-il toujours de ce centre. Auſſi M. Newton croyoit-il le Soleil un corps ſolide.

Il faut abſolument que le Soleil ſoit un corps ſolide dans le ſyſtême de M. Newton.

Il paroît preſque démontré par toutes ces raiſons, que le Soleil n'eſt pas un globe de Feu, & qu'il eſt un corps ſolide, mais de quoi ce corps eſt-il compoſé? D'où lui vient cette quantité preſque infinie de particules ignées qu'il paroît projetter à tout moment, ſans s'épuiſer?

Ceux qui ſoutiennent l'émanation de la lumiere pourroient répondre à ces difficultés, qu'il eſt très-poſſible que le Soleil ſoit un corps extrêmement ſolide, que ce corps ſolide contienne dans ſa ſubſtance le Feu qu'il nous envoye ſans ceſſe, & que ce Feu en émane par de grands volcans; ce globe retiendra par fa folidité une partie de ce Feu , & les particules ignées pourront en émaner fans ceſſe.

Mais cette émanation de la lumiere eft fujette à de bien plus grandes difficultés , & paroît impoffible à admettre malgré les obfervations modernes qui femblent la favoriſer; des obfervations certaines fuffifent pour détruire une fuppofition lorfqu'elles lui paroiffent contraires , mais elles ne fuffifent pas pour l'établir , & l'émanation de la lumiere a contr'elle des difficultés Phyſiques & Métaphyſiques qui paroiffent ſi infurmontables , qu'il n'y a point d'obfervations qui puiffent la faire admettre jufqu'à ce qu'on les ait détruites ; mais ce n'eft pas ici le lieu de les difcuter.

La lumiere du Soleil paroît tirer fur le jaune. Ainfi il faut que le Soleil projecte par fa nature plus de rayons jaunes que d'autres , car M. Newton a prouvé dans fon optique page 216, que la lumiere du Soleil abonde en cette forte de rayons.

Il eft très-poffible que dans d'autres fyftèmes , il y ait des Soleils qui projectant plus de rayons rouges , verds , &c. que les couleurs primitives des Soleils que nous ne

voyons

voyons point foient différentes des nôtres, & qu'il y ait enfin dans la Nature d'autres couleurs que celles que nous connoiffons dans notre monde.

X V.

Du Feu Central.

Tout le Feu ne vient pas du Soleil, deux cailloux frappés l'un contre l'autre, fuffifent pour nous convaincre de cette vérité ; chaque corps & chaque point de l'efpace a reçû du Créateur une portion de Feu en raifon de fon volume ; ce Feu renfermé dans le fein de tous les corps, les vivifie, les anime, les féconde, entretient le mouvement entre leurs parties, & les empêche de fe condenfer entierement.

Le Soleil paroît deftiné à nous éclairer, & à mettre en action ce Feu interne que tous les corps contiennent, & c'eft par-là & par le Feu qu'il répand, qu'il eft la caufe de la végétation, & qu'il donne la vie à la Nature.

Mais fon action ne pénétre pas beaucoup

du Soleil ne pénetre pas tout avant dans la terre.

au de-là de la premiere surface de la terre ; on fçait que les Caves de l'Observatoire, qui n'ont environ que 84 pieds de profondeur, font d'une température égale dans le plus grand froid & dans le plus grand chaud. Donc le Soleil n'a aucune influence à cette profondeur.

Le Feu étant également répandu par-tout, & la chaleur du Soleil ne pénétrant point à 84 pieds de profondeur, le froid devroit augmenter à mesure que la profondeur augmente, puisque le Soleil échauffe continuellement la superficie, & n'envoye aucune chaleur à 84 pieds.

La chaleur augmente en approchant du centre de la terre.

Mais le froid, loin d'augmenter avec la profondeur, diminuë au contraire avec elle lorsqu'elle passe de certaines bornes ; c'est ce que M. Mariotte a éprouvé en mettant le même Thermometre consécutivement dans deux Caves, l'une de 30 pieds de profondeur, & l'autre de 84 ; le Thermometre ne passa pas 51 degrés $\frac{1}{2}$ dans la premiere, mais il monta à 53 degrés $\frac{1}{2}$ dans la seconde : Donc puisque la chaleur étoit plus grande à 84 pieds qu'à 30, il faut qu'un Feu renfermé dans les entrailles de la terre, soit la cause

de cette chaleur , qui augmente lorſqu'elle devroit diminuer.

Les Volcans & les Sources d'eau chaude , qui ſortent du ſein de la terre , les Métaux & les Minéraux qui végétent dans ſes entrailles , &c. nous démontrent ce Feu central que Dieu a vraiſemblablement placé au milieu de chaque globe , comme l'ame qui doit l'animer.

M. de Mairan a fait voir que la chaleur du Soleil au Solſtice d'Eté eſt à celle de cet Aſtre au Solſtice d'Hiver, comme 66 à 1, toute déduction faite : or ſi toute la chaleur venoit du Soleil , l'Eté ſeroit 66 fois plus chaud que l'Hiver , & cependant il eſt prouvé par les expériences que M. Amontons a faites au Thermometre , que la chaleur de l'Eté de nos climats ne differe du froid qui fait geler l'eau , que comme 8 differe de 7. Il faut donc qu'il y ait dans notre terre un fonds de chaleur indépendante de celle du Soleil.

Puiſque le Feu eſt également répandu par-tout , il faut que ce fonds de chaleur ait été mis par le Créateur dans le centre de la terre , d'où il ſe diſtribuë également à la

I 2

même diftance dans tous les corps qui la
compofent, en forte que s'il n'y avoit point
de Soleil, tous les climats de la terre feroient
également chauds , ou plûtôt également
froids à fa fuperficie : mais la chaleur augmenteroit, comme elle augmente réellement,
à mefure que l'on approcheroit du centre de
la terre.

Ainfi le Feu central paroît prouvé par
les Phénomenes de la Nature , & il n'eft
nullement néceffaire , pour l'expliquer , de
recourir , comme un Philofophe de nos
jours , à une tendance du Feu en bas , tendance démentie par les expériences les plus
communes, comme par les pius fines. Il fuffit
pour l'exiftence de ce Feu , de la volonté
du Créateur , & pour fa confervation , de
la loi qui fait que le Feu fe retire plus lentement des corps , à mefure qu'ils font plus
denfes ; car le Feu , au centre de la terre,
doit être retenu par un poids dont il ne peut
vaincre la réfiftance.

Lorfque ce Feu trouve quelqu'iffuë , il
fort avec furie de cette fournaife fouterrai-
ne , & c'eft ce qui fait les Volcants , les
Vents fulphureux , &c. mais il ne peut ja-

mais s'échapper qu'une très-petite partie de ce Feu renfermé dans les entrailles de la terre.

La chaleur de ce Feu souterrain augmente à mesure que l'on approche du centre de la terre, car puisque la pesanteur de l'Atmosphere retarde l'ébullition de l'eau, c'est-à-dire, le point auquel ses pores laissent passer les particules de Feu, le Feu doit être d'autant plus puissamment retenu dans les entrailles de la terre, que le poids dont il est surchargé augmente ; or ce poids augmente avec la profondeur : Donc le Feu central doit se conserver, & être d'autant plus ardent que l'on approche plus du centre de la terre.

La chaleur du Soleil augmente d'autant plus qu'on approche plus de la surface de la terre, à cause de l'Atmosphere dont les vibrations continuelles excitent sa puissance ; mais la chaleur du Feu central, au contraire, diminue à mesure qu'on approche de cette surface, car le poids dont il est chargé est d'autant plus fort, & l'empêche plus puissamment de s'échapper.

Le Feu nous éclaire dès qu'il peut être transmis en ligne droite jusqu'à nos yeux, mais il ne nous échauffe qu'à proportion de la résistance que les corps lui opposent, & c'est-là une des plus grandes marques de la Providence du Créateur; car si le Feu brûloit aussi aisément qu'il éclaire, nous serions exposés à tout moment à en être consumés, & s'il avoit besoin de la résistance des corps pour éclairer, nous serions souvent dans les ténébres; mais dès qu'il frappe nos yeux, il nous donne une lumiere très-vive, & il ne nous échauffe jamais assez pour nous incommoder à moins que nous n'excitions sa puissance, la plus grande chaleur de l'Eté étant environ trois fois moindre que celle de l'eau bouillante.

Le Feu qui est dans tous les corps, indépendamment du Soleil, & ce Feu central qu'on peut, avec bien de la vraisemblance, supposer dans tous les globes, peut faire croire que la quantité du Feu dans les Planetes, est proportionnée à leur éloignement du Soleil : ainsi Venus qui en est plus près, en aura moins, Saturne & les Cometes qui en sont très-éloignées, en auront

davantage , chacune felon leur diftance. Cette compenfation eft d'autant plus né- ceffaire , que la rareté de la matiere de Sa- turne , par exemple , ne peut feule fuppléer à fon éloignement, car étant dix fois plus loin du Soleil que nous , il en reçoit cent fois moins de rayons , & la matiere dont il eft compofé n'eft qu'environ fix fois & deux tiers plus rare que celle de notre terre : Donc tout y feroit dans une inaction & une condenfation qui s'oppoferoit à toute végé- tation , s'il n'avoit un fonds de chaleur capa- ble de fuppléer à fon éloignement du Soleil.

La matiere des Cometes doit être très- denfe , puifqu'elles vont fi près du Soleil , fans fe diffoudre par fa chaleur : Donc il faut que Dieu ait pourvû par la quantité du Feu central , ou bien par le Feu qu'il a ré- pandu dans les corps qui compofent ces globes à leur éloignement du Soleil, & peut- être auffi a-t-il compenfé cette diftance , en augmentant la raifon dans laquelle le Feu y agit , de même qu'il a pourvû à l'illumi- nation de Saturne & de Jupiter , par la quantité de leurs Lunes : ainfi il eft inutile de fuppofer une hétérogénéité de matiere dans les globes placés à différentes diſtances du Soleil, mais ſeulement une quantité de Feu plus ou moins grande, ou une augmentation dans la raiſon ſelon laquelle les raions agiſſent ſur les corps.

Le Feu conſerve toutes ſes proprietés dans le centre de la terre, il y tend à l'équilibre, ſes parties cherchent à ſe répandre de tous còtés, &c. mais il ne les exerce qu'en partie, car il ne peut ſurmonter entierement la force qui s'oppoſe à ſon action.

C'eſt ce Feu central qui fait que les Puits très - profonds ne ſe gelent point, que la Neige qui touche immédiatement la terre, fond plutôt que celle qui eſt ſur du chaume, ou ſur d'autres ſupports; enfin c'eſt lui qui eſt cauſe en partie du dégel, qui fait que pendant la gelée la plus forte, l'eau fume ſous la glace, &c. Je n'aurois pas ſi-tôt fini, ſi je voulois entrer dans le détail de tous ſes effets.

Mais je n'ai déja que trop abuſé de la patience du Corps reſpectable à qui j'oſe préſenter ce foible Eſſai, j'eſpere que mon amour pour la vérité me tiendra lieu de

talens , & que le désir sincere que j'ai de contribuer à sa connoiffance, me fera pardonner mes fautes.

Conclufion de la feconde Partie.

Je conclus de tout ce qui a été dit dans cette feconde Partie.

1°. Que le Feu eft également diftribué dans tous les corps inanimés.

2°. Que les créatures animées contiennent plus de Feu dans leur fubftance que les autres.

3°. Que l'attrition eft le moyen le plus puiffant pour exciter le Feu renfermé entre les Parties des corps.

4°. Que la maffe des Corps, leur élafticité & la rapidité du mouvement qu'on leur imprime , augmentent infiniment l'activité du Feu qu'ils contiennent , & que l'attrition excite.

5°. Que le Feu raréfie tous les Corps , & les étend dans toutes leurs dimenfions.

6°. Que les corps s'enflamment plus ou moins vîte felon leur couleur , toutes chofes d'ailleurs égales , & que les plus réflexibles font ceux qui s'enflamment les derniers.

7°. Que les liquides n'acquerent aucune chaleur par le plus grand Feu, paſſé l'ébuli_tion.

8°. Que l'aliment du Feu, n'eſt pas du Feu, que ce ſont les parties les plus tenuës des corps que le Feu enleve, & qu'elles ne ſe changent point en Feu.

9°. Que le Feu détruit l'élaſticité des corps loin d'en être la cauſe.

10°. Que le Feu paroît être la cauſe de l'électricité.

11°. Que le Feu n'agit pas ſur les corps ſeulement en raiſon de ſa quantité.

12°. Que les rayons acquerent une activi-té dans leur approximation qui augmente in-finiment les effets du Feu.

13°. Que le tems dans lequel les différens corps ſe refroidiſſent eſt à peu près le même que celui dans lequel ils s'échauffent.

14°. Que l'abſence du Feu n'eſt pas la ſeule cauſe de la congellation, mais qu'il s'y mêle des parties *frigérifiques.*

15°. Que ces parties *frigérifiques* ſont des particules de Sel & de Nitre.

16°. Que le Soleil eſt un corps ſolide.

17°. Que tout le Feu d'ici-bas ne nous

vient pas du Soleil, mais que chaque corps en contient une certaine quantité.

18°. Qu'il y a dans la Terre un Feu central qui eſt la cauſe des végétations qui ſe font dans ſon ſein.

F I N.

L'Approbation & le Privilege ſe trouvent aux Mémoires de l'Académie des Sciences.